JN005936

斜面防災・減災
106のノウハウ

技術者に必須の知識と勘所

奥園誠之
下野宗彦

日経BP

まえがき

1986年（昭和61年）に、「これだけは知っておきたい」というシリーズで、鹿島出版会から「斜面防災100のポイント」という書籍を出版した。お陰様で以来11刷を重ね、三十数年過ぎた今日も、大型書店の片隅には置いていただいているようである。

当時、筆者（奥園）は日本道路公団に在籍し、高速道路の斜面防災対策を担当していた。以来、大学（九州産業大学土木工学科教授）を経て、定年後は現在のNEXCO系のコンサルタント（エンジニアリング会社）や建設会社の顧問をしている。公団時代を発注者側の官庁と拡大解釈すれば、文字通り「官」「学」「民＝産」を経験したことになる。

この五十数年、筆者らが関わってきた斜面災害は、地表面の風化劣化に加え、後述する集中豪雨の増加や大規模地震の来襲を背景に、減るどころか毎年のように新聞紙上を賑わせている。言葉は非常に悪いが、対策工事を担う関連業界は「天からお金が降ってくる＝豪雨」「地からお金が湧いてくる＝地震」であるという状況にあり、筆者自身も申し訳ないが商売繁盛である。これは「病人のお陰で、医者が繁盛する」ことに似ている。しかし医者同様、常に人の命が懸かっていることを忘れてはいけないと思っている。

では、技術は進歩していないかというと、決してそうではない。現に、斜面災害での犠牲者は大規模災害を除けば年々減少していることも事実である。各学会、例えば土木学会、地盤工学会、応用地質学会、砂防学会、地すべり学会等々、いまや斜面安定部門はテーマの取り合いの感がある。しかし、その進歩が遅い。災害の事前予測を例にとっても、数十秒間隔で観測できる次世代観測装置などの衛星情報を駆使した天気予報技術のような、目ざましい発展は見られないのが現実である。

大自然である地盤を相手にする斜面防災技術は、医学で言えば基礎医学や病理学よりも臨床医学に似ている。つまり、自然科学に基づく経験工学である。同じ現場は二つとない。その中での対応は、地道に足で稼いで現場情報を集め、過去に経験した実績や失敗例から、類似した条件を探して判断するしかない。発生し得る災害現象について、既存資料と事例分析によって斜面災害の素因を把握したうえで、過去の症例（事例）と照らし合わせて戦略的に対応する必要があると考えている。この分野もご多分に漏れず、いずれは人工知能（AI）へ移行して対応する時代が見え隠れしている気がする。

斜面防災に携わる多くの研究者や技術者は、過去の災害事例の蓄積と分析が基本であることを十分に理解して、課題と向き合っている。しかしながら、災害の事例報告は数多く発表されているものの、その大部分は「個別の災害発生に対する素因と誘因の詳細な解明と対策工法の検討、およびその選定に主眼を置いたもの」であり、事例を集めたノウハウ対応集とはなっていない。また、復旧対策後の評価や施策への提案、維持管理の視点から見た技術提案などをまとめたものは、非常に少ないと感じられる。医学における「症例からの治験報告」と同様に、この分野でもこれが重要であることは間違いないと思っている。

本書は、筆者らが斜面防災·減災に携わってきた「奥園五十数年、下野三十数年」、合わせて八十数年間の極めて拙い経験ではあるが、高速道路の現場を中心に会得し、蓄積してきた106のノウハウを紹介するものである。

ノウハウ（know-how）とは、「広辞苑」によると、技術的知識・情報に関するやり方やコツを言う。技術者に必要な斜面防災·減災のノウハウは、つまり数式に拠りがたい定性的な情報をも含めた判断に寄与する、いわば「演繹」よりも「帰納」の世界であると言えるであろう。

本書の構成と内容は以下の通りである。

第1章　斜面防災の概論に当たる、インフラ整備における現在おかれている斜面防災技術の背景と問題点の紹介
第2章　豪雨災害発生実態と、抑制工としての表面排水や地下水対策などのノウハウ
第3章　斜面の現地調査・点検手法と斜面安定工（土工）の設計のための、教科書にない予備知識
第4章　法面対策の最も広い面積を占める法面保護工・擁壁工・土石捕捉工の盲点
第5章　近年多用されてきたグラウンドアンカーエ・杭工の問題点と対策および設計の考え方
第6章　本書の柱である斜面崩壊の短期～直前予測としての計測管理のノウハウと、崩壊直前の現場現象の着眼点、さらに被災後の二次災害防止の順守事項など

本書に集めた「106のノウハウ」は、前著の「100のポイント」の姉妹編に位置付けられるが、内容はいずれも一面の真理であり、筆者らの思い込みや主観も入っており、例外も沢山あることをお断りしておきたい。

本書を、斜面防災·減災を実践する際の一助として役立てて頂ければ幸いである。

2022年9月

奥園 誠之
下野 宗彦

斜面防災・減災106のノウハウ 技術者に必須の知識と勘所 ― 目次

第3章 斜面防災対策のための現地調査および改良工事設計の着眼点—61

第4章 法面保護工、補強土工、擁壁工、土石の捕捉工—93

第5章 対策工、抑止工（グラウンドアンカー工、杭工）—121

第6章 斜面災害(崩壊)の短期予測・直前予測と災害直後の対応—161

第1章
インフラ環境と斜面防災

1-1 斜面防災技術の伝承は成功事例より災害事例の反省から

インフラ整備における斜面崩壊は、人命に関わる災害の発生や大幅な工費・工期の増加を招き、失敗例として評価されることが多い。そこには、現場情報の見落としや判断のミスがあったかもしれない。しかし、その結果を謙虚に受け止め、結果論的にでも原因を究明することが大切である。

以下は、渡邊明氏のコラム[1)]からの引用である。

輝かしい成功例の陰には多くの失敗例が眠っている。その失敗を単なる負の遺産にしてはいけない。失敗は皆の共通遺産である。いわば「失敗工学」とも言える崩壊事例を、結果論かもしれないが、そこから得られた「教訓（ノウハウ）」を「経験工学」として後輩に残すことによって、本当の意味で「温故知新」として、「技術の伝承」ができるのではないだろうか。ささやかではあるが、本誌の目標もそこにある。

1-2 自然災害の主役は「地学」でも日本人の地学の常識は中学生レベル

わが国は、世界有数の自然災害王国である。4面のプレート（北米プレート、ユーラシアプレート、太平洋プレート、フィリピン海プレート）がひしめき合う日本列島は、地震災害、津波被災、火山噴火、それに梅雨や台風などによる河川水害や斜面土砂災害が後を絶たない。これらに対応する防災技術には、地球物理学、海洋学、気象学、地形学、そして地質学などが密接な関係を持っている。これらを含めたものとして、高校では「地学」という教科がある。

ところが、この「地学」を履修している学生は極端に少ない。その原因は　高校で地学を教える教員が圧倒的に少ないことである。**表-1.1**は大木[2)]の調査による、九州・中国地方の各県における高校の地学教員数と履修校の割合である。10年以上前の資料ではあるが、全国的に見て、現時点でもそれほど変わっていないと思われる。

これによると、九州・中国地方の高校1133校のうち、地学の履修校はわずか159校

表-1.1　九州・中国地方の各県における高校の地学教員[2)]

	高校数(校) ①	履修校(校) ②	地学教員数(人)	割合(%) (②／①)
鳥取県	31	8	4 (5)	25.8
島根県	66	0	0 (1)	0.0
岡山県	92	2	2 (18)	2.2
広島県	141	29	30 (34)	20.6
山口県	81	8	8 (14)	9.9
福岡県	196	19	31	9.7
佐賀県	52	4	4 (8)	7.7
長崎県	93	7	7 (26)	7.5
大分県	59	0	0 (6)	0.0
熊本県	99	20	21 (28)	20.2
宮崎県	58	1	3	1.7
鹿児島県	105	33	39	31.4
沖縄県	60	28	32	46.7
合計	1,133	159	181	14.0

(注)教員数の(　　)は、地学を担当していない教員を含む

(14%) にすぎないという報告がなされている。この実態から考えても、大学受験に地学を選ぶ生徒が少ないのは当たり前と言わざるを得ない。さらに、筆者が勤務していた大学において、地盤工学の講義の前に一般教養で地学系の課目を履修したか否かを問うたところ、これも皆無に近かった。それが影響してか、国土の保全を担う土木、建築、砂防といった分野ですら、地学に造詣の深い技術者は意外に少ない。

数年前、孫の夏休みの理科の自由研究展示会を参観した。内容で圧倒的に多かったのが、生物と化学の分野であり、あとは物理が少数で、地学は皆無であった。つまり、小学生時代から地学は置き去りにされていると言える。

それでも中学校の理科では、一応の地学に関する教育は行われてはいる。従って、日本人の地学に関する知識は、かろうじて中学生並みということになる。

地盤防災、なかでも斜面安定を支配するのは、物性（土質特性）、構造（地盤の地質構成）、水（地下水）の3要素であるが、なかでも地すべりのような大規模災害における地盤変状を支配するのは、すべり面の位置・形状である。これらの決定には、構造地質学の知識が不可欠である。

では、どうすればよいか？　これは文部科学省に負うしかないが、地学を主体とした「ハード」面と減災を目的とした「ソフト」面を組み合わせた「防災」という教科を立ち上げ、中学・高校で必修科目にするという考えはいかがであろうか。最近は「防災庁」設立の声も聞く。

1-3 「病人が増えても治療ができない」維持管理も資金不足でそんな時代に？

図-1.1は、国土交通省発行の「建設工事施工統計2021版」に掲載された資料で、わが国の建設工事費（土木・建築）および維持修繕工事費の推移を示したものである。ここでは、新設工事費（建設費）と維持管理費の変化が示されている。一見、建設費は減少しても維持管理費は一定の額（10兆円以上）が確保されていると読める。

しかし、減少したとはいえ毎年30兆～40兆円の建設費によって、世に送り出される社会資本は確実に増えているはずである。従って、毎年ほぼ一定の維持管理費では、今後のメンテナンスが賄えなくなるのは自明の理である。維持管理でも、「老人が増え病人が増えても、お金がないから病気を治すことができない」時代が、そこまで来ているように思われる。

こうした厳しい条件下では、「防災」よりも「減災」、さらには「避災」が重要になる。つまり、「逃げる技術」の開発が望まれる時代なのである。

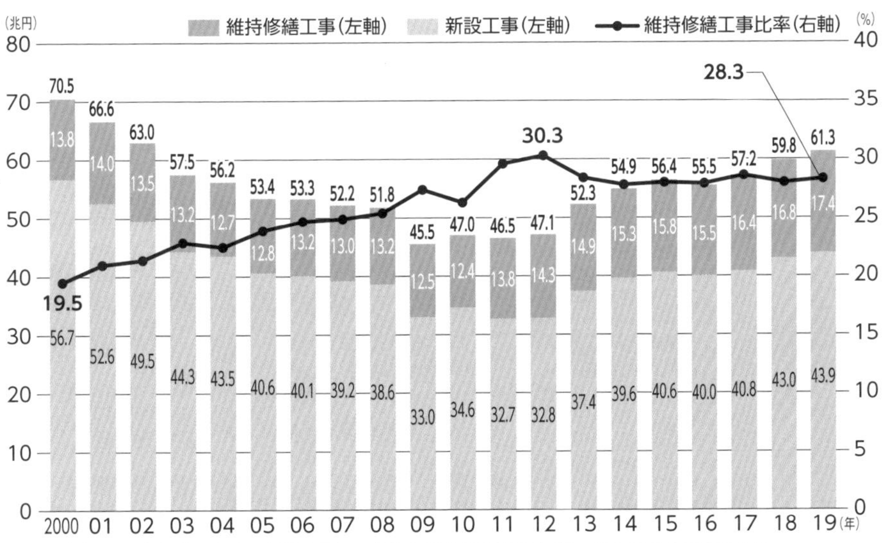

(注) 1. 金額は元請完成工事高、建設投資との水準の相違は両者のカバーする範囲の相違による
2. 維持修繕工事比率＝維持完成工事完工高／完工高計（いずれも元請け分）

図-1.1　建設工事費（土木・建築）および維持修繕工事費の推移[3)]

1-4 国民を守る減災では「知らせる努力」と「知る努力」が重要

1-3項で述べたように、わが国のメンテナンス予算に限界があることを考えると、斜面防災の面では、災害を起こさない（崩れない）斜面をつくり、維持管理することには限度がある。従って、仮に崩れたとしても、少なくとも人身事故だけは回避する努力、いわゆる「減災」「避災」を考える必要がある。

地震の予測は困難といってよい。一方で、豪雨の事前予測技術は、発展途上とはいえ不可能ではないところまで来ている。気象庁が出す「大雨洪水注意報」は災害が起こる恐れがある時に発令される予報で、「大雨洪水警報」は重大な災害が起こる恐れがある時に出される警報である。さらに「大雨特別警報」は、過去数十年間発生したことがないような大災害が起こる可能性のある「スーパー警報」であるが、意外と頻繁に出されている。

最近では、テレビや気象庁のホームページなどでも、自治体単位の細かい予報が出されており、個人がその気になれば情報は手に入るようになった。知らせる側（公助）の準備はかなり整ってきている。

問題は知る側である。携帯電波の届かない地域に住む年配者は最近少ないが、どう

表-1.2　豪雨時土砂災害時の防災・減災のタイムラインの一例（奥園試案）

気象庁	自治体（市・町・村・消防・警察）		町内会・自治会・地区長		住民がとるべき行動
早期注意情報	第1段階	防災情報収集 防災情報発信	→	防災情報把握 （災害の心構えを高めさせる）	ハザードマップ・避難場所確認
大雨洪水注意報	第2段階	災害警戒本部設置 避難場所開設	→	防災警報収集 住民への連絡	→ 防災警報の把握 避難準備
大雨洪水警報	第3段階	高齢者避難指示	→	避難連絡（連絡網など）	→ 高齢者等避難 自主避難開始
土砂災害警戒情報	第4段階	住民（全域）避難指示 避難状況把握	→ ←	戸別に避難連絡 避難状況把握・報告	→ 該当地区住民避難 ← 避難状況報告
大雨特別警報	第5段階	災害状況把握 災害対策本部の設置	→ ←	災害状況把握・報告 救援救助依頼	→ 被災状況報告 ← 救援救助依頼

↳ 大雨特別警報解除

しても本人の自覚と判断、いわゆる「自助」に頼るところが大きい。

表-1.2は、各地の事例に基づいて筆者が作成した、豪雨時土砂災害に対する防災タイムラインの一例である。ここで言うタイムラインとは、災害発生時間を想定して、2～3日前から災害発生時までの間、行政側と危険箇所の住民側とで行う共同作業行程のことである。同表は、自治体、町内会、集落、地区、班長などのぞれぞれの役割のほか、個人からの報告の義務をも併せたスケジュール表となっている。

同表では、気象庁の予報を受けた行政(自治体)が避難準備・指導(公助)を行うが、地域や町内会などが住民に伝達し、特に高齢者や身障者を避難誘導・援助する(共助)。住民はそれに従い、必ず避難結果や被災結果を上部組織に報告するというシステムとなっている。

しかし、自治体が出す警報も万全ではない。むしろ欠陥だらけと言っていいだろう。例えば「全員避難」といっても、本当に全員が避難する収容能力(スペース)はないことのほうが圧倒的に多い。つまり、このタイムラインは、ハザードマップで示された対象地区に限られた範囲でしか対応できないのが現実である。

いずれにしても、地域住民は相互の交流(付き合い)が大切であるし、最後は「自分の命は自分で守る」という原則(自助)を忘れてはならない。

1-5 インフラ施設の減災のポイントは「ハード」から「ソフト」への切り替え時点

斜面災害は、毎年降るようなレベルの降雨でも起こるが、その場合は大規模な崩壊が少なく、事前対策も比較的容易に施工できる。しかし、数十年、数百年に一度降るような猛烈な集中豪雨の時には、甚大な被害を及ぼすことが多く、それを防御する事前対策（ハード）には莫大な費用を要する。この場合は、「逃げる技術（ソフト）」が必要になってくる。

図-1.2は、防災・減災に対する費用対効果と崩壊確率との関係の概念を示したものである。図の横軸は、例えば確率降雨量が関係する崩壊確率で、軸の左に行くほど、「めったに起こらないが、起こると規模が大きく、人命に関わるような事故」に発展しやすいことを表す。また、図の縦軸は、それに伴う人身に与える被害額を示したものである。

図の①線は「自然状態」（何も対策をしない場合）の曲線で、左高右低の反比例カーブで表される。②線は、法面保護工や抑止工といったハードな補強対策を施した場

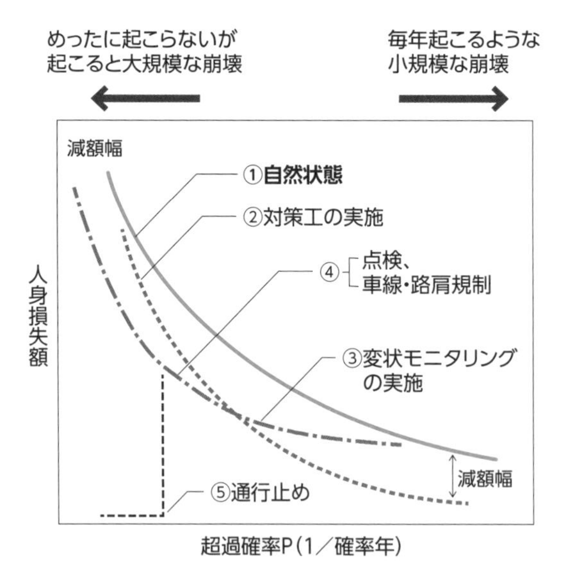

図-1.2　崩壊確率と費用対効果の関係の概念

合の曲線で、いわゆる「防災」の範疇であり、右寄りの毎年起こるような小規模な崩壊ほど対処しやすく、対策の効果も現れやすい。一方、左に行くほど崩壊規模が大きくなり、費用をかけた割には被害損失額が減らないという傾向が示されている。

③、④線は、地山変状の計測（モニタリング）、雨量監視による点検の強化、道路の場合は走行速度規制、路肩規制、車線規制などを行う「減災」の範疇と言える。最後の⑤線は、住民避難や道路の通行止めを行う「避災」を表す。⑤は最後の手段であり、これによって人身損失額はゼロに近づくが、道路の場合は通行止めによる社会的損失が多大なものになる。

結論として、この図の右側、すなわち毎年降るような小豪雨で発生する崩壊は対策工で補強し、めったに降らない超豪雨の時に起こりやすい大規模崩壊（図の左側）は、道路の場合、点検→モニタリング→交通規制→通行止めという手順、いわゆる「逃げる技術」「ソフト対策」→「減災」「避災」と進むのが良いといえる。

問題は、これらの線のどの位置で対策を切り替えるかである。これは“人命の値段”とも関係するので難しい問題ではあるが、斜面を管理する者にとって重要な判断、決断を強いられるところである。

1-6 わが国土 増える豪雨、減らぬ災害

斜面災害の誘因の多くは豪雨であり、特に昨今ではその傾向が顕著である。新聞紙上でも「史上最大の――」「危機的な――」「観測史上最大の――」という言葉で幾度も報じられているが、実際のところはどうなのだろうか。本項では、斜面災害の誘因の多くを占める降雨と災害発生の一般的な傾向について、改めて述べてみたい。

国土交通省水資源部および気象庁のデータを基に、1975年から2021年までの47年間の年降水量の推移を**図-1.3**に、時間50mm以上の年間発生回数の推移を**図-1.4**に、国土交通省などのデータを基に、土砂災害の年間発生回数の推移を**図-1.5**にまとめた。

図-1.3に示した年間降雨量の推移は、ほとんど変化が見られないが、**図-1.4**の時間50mm以上の年間発生回数の推移と**図-1.5**の土砂災害の年間発生回数の推移は、右

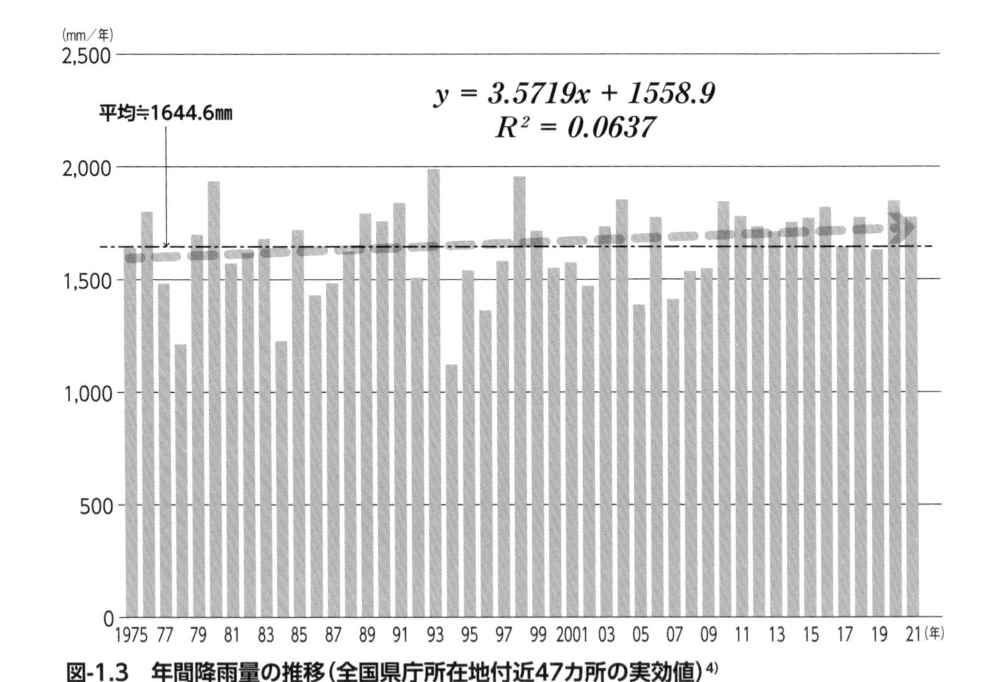

図-1.3　年間降雨量の推移(全国県庁所在地付近47カ所の実効値)[4)]

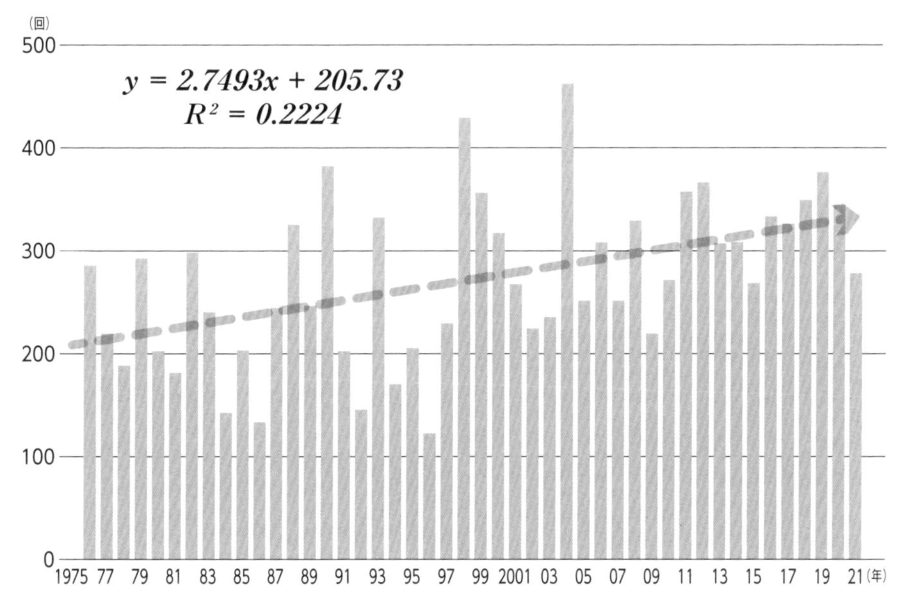

図-1.4　時間50mm以上の年間発生回数の推移（気象庁公表）[4]

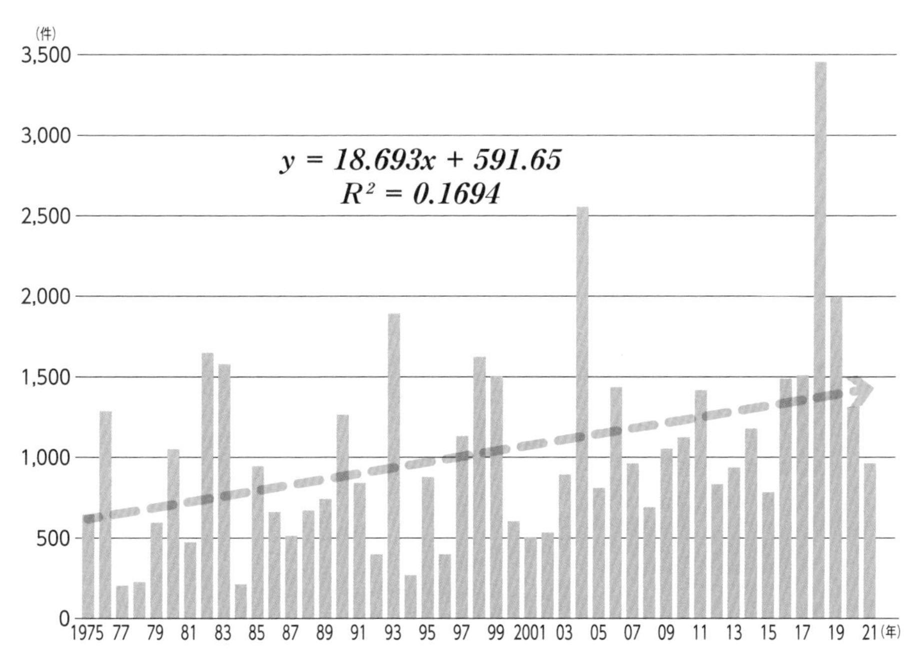

図-1.5　全国土砂災害発生件数の推移（国交省公表実効値）[4]

肩上がりの傾向を示している。ただし、年ごとの変動のばらつきが大きく、統計的に相関があるとは言えない。最小二乗法による各回帰直線の決定係数（R^2）を見ても理解していただけると思う。

この図を一見すると、斜面災害の誘因である降雨と斜面災害の発生とは、いかにも無関係のように思えてくる。昨今賑わせている「降雨、豪雨」との関係はうかがえない。そもそも、年間降雨量のデータ、時間50mm以上の年間発生回数と土砂災害発生件数とは、各々の単位と尺度が違うため、増加傾向を客観的に定量評価しているとは言いがたい。

そこで、筆者らは雨量と災害発生件数のデータ単位を偏差で統一してみた。**図-1.6〜1.8**は、47年間の平均値を基礎データとした10年ごとの偏差（10-Year Average Deviation Value）の推移を示したものである。

図-1.6〜1.8に示した通り、年間降雨量、時間50mm以上年間発生回数、土砂災害発生件数は、10年ごとに多少違いがあるものの、明らかに増加傾向にあることが読み取れる。また、各回帰直線の決定係数（R^2）を見ても、かなり高い相関があること

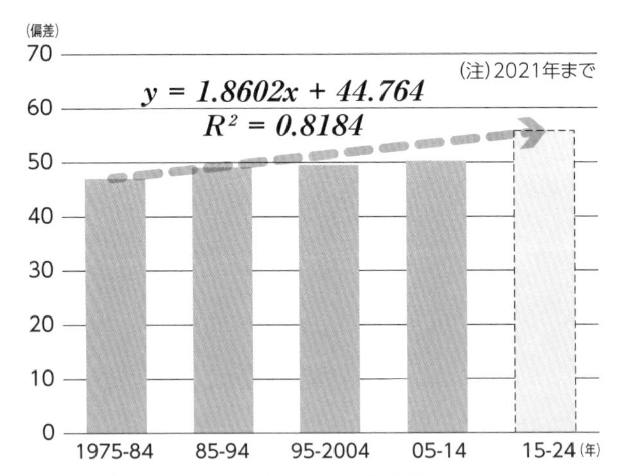

図-1.6　年間降雨量の推移[4]**（10年平均偏差）**（奥園、下野加筆）

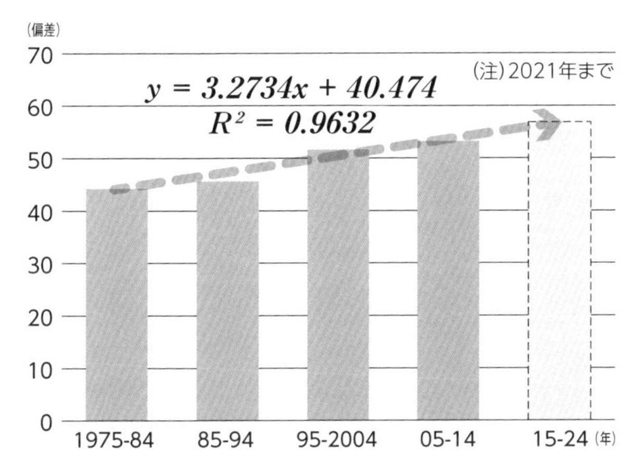

図-1.7　時間50mm以上年間発生回数の推移[4)]（10年平均偏差）（奥園、下野加筆）

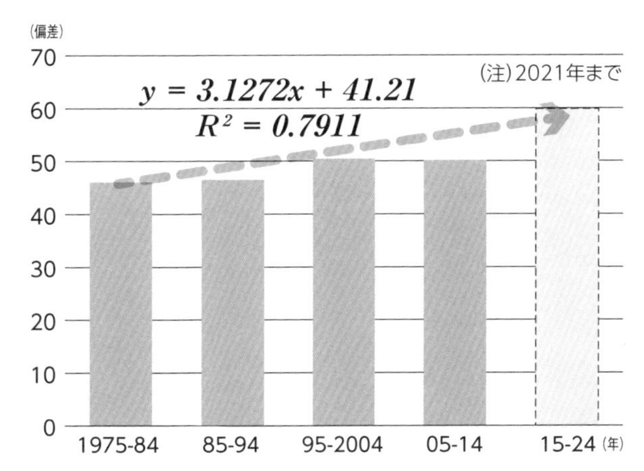

図-1.8　全国土砂災害発生件数の推移（10年平均偏差）[4)]（奥園、下野加筆）

が分かる。

ここで、回帰直線の傾きである「増加勾配」に着目していただきたい。**図-1.7**と**図-1.8**の回帰直線の傾き（3.2734と3.1272）は類似しており、**図-1.6**の年間降雨量の推移の傾き（1.8602）と比較して大きな違いがあることが分かる。つまり、土砂災害の年間発生回数は、「年降水量」よりも「時間降水量50mm以上の年間発生回数」に大きく影響されると言える。

過去50年弱の間のわが国の降雨傾向は、年間降雨量自体は大きく増加していないものの、時間降水量50mm以上の年間発生回数に代表されるような、局地的集中豪雨の増加が顕著であると言えよう。つまり、雨の「総量」は変わらないが、「降り方」が変わってきたのである。

土砂災害の発生回数は、局地的集中豪雨の発現とともに増加しており、今後もこの傾向が続くと考えられる。わが国の土砂災害は今後も減らないし、時として牙をむいてわれわれに襲いかかってくることを、常に意識しておかなければならない。

第1章 参考文献

1) 渡邊明(九州工業大学名誉教授):失敗から学ぶ、PCプレス、(一社)プレストレスト・コンクリート建設業界、Vol.006、p.23、2015 Jan.

2) 大木公彦:地質学が市民権を得るための取り組み、日本応用地質学会九州支部、九州応用地質学会会報、No.36、pp.25-31、2015.

3) (一社)日本建設業連合会:建設業ハンドブック 2021、(一社)日本建設業連合会、p.7、2021.

4) 下野宗彦:昨今の災害事例から見た道路斜面防災の在り方と留意点、(公社)地盤工学会論文集、地盤と建設、Vol.37、No1、pp.9-18、2019.

第2章
豪雨災害の実態と斜面排水対策

2-1
「雨降って地固まる」と「雨で地盤が緩む」は矛盾ではない

砂浜の砂は、サラサラに乾燥した状態では固まりにくいが、適度に水を加えれば「おにぎり状」に固まる。これは、不飽和状態では、土中の水の分子が互いに引き付け合う吸着力（表面張力）が働くからだと言われている。しかし、さらに水を加えて飽和状態になると、泥状に流れてしまう。盛り土工事で、土を締め固める時の水加減が大切なのはこのためである。

図-2.1は、高速道路が完成してからの経過年数と、法面崩壊の発生確率との関係を調べたものである。ここでの発生確率とは、道路延長10km当たりの年間の発生件数を言う。

盛り土は完成後の時間経過とともに、「雨降って地固まる」要素もあって、完成後7年もたてば、一応安定化の傾向がうかがえる。「一応」とは「原則」という意味で、スレーキング（乾燥湿潤や凍結融解などの繰り返し作用による二次的な強度低下）を起こしやすい材料による盛り土は例外であることを意味する。さらに、盛り土が完成後に、そ

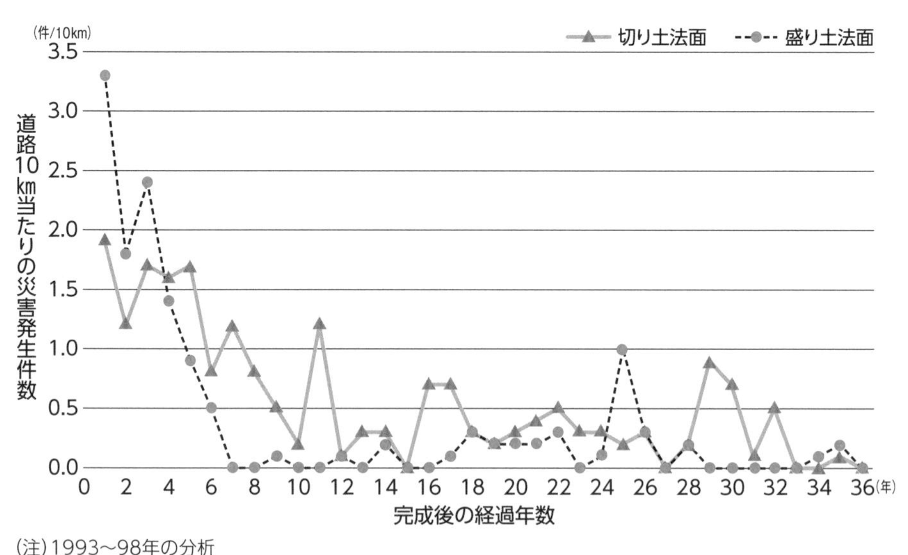

(注) 1993～98年の分析

図-2.1　道路完成後の経過年数と法面災害発生率の推移1)

れまで経験したことのない規模の豪雨などによって、思い出したように崩壊が起こることがある。これは、「雨で地盤が緩む」からである。

一方の切り土も、この図から分かるように、完成後の時間経過とともに崩壊は減少する傾向がある。ただし、これは「雨降って地固まる」からではなく、時間がたつほど豪雨や地震の「洗礼」を受けて崩壊し、その後の復旧によって改良され、その分、問題箇所が減ったためである。

しかし、切り土法面は盛り土法面と異なり、時間経過とともに風化が進行していく宿命を持っている。図を見て分かるように、盛り土に比べると、完成後7年以降も落ち着きが悪く、いつまでも崩壊が続いている。

高速道路総合技術研究所では、旧日本道路公団試験所時代から、特定の切り土法面の風化の過程を、弾性波探査によって約50年間追跡している。その一部は第4章で紹介するが、風化は確実に進行しており、その進行過程は、法面保護工種によって異なるという報告がなされている。

2-2 土石流は時間雨量に、盛り土崩壊は連続雨量に支配される

一般に、集中豪雨の度合いは雨量強度（1時間当たりの降雨量）、長雨は連続降雨量（降り始めてからの累積降雨量）で評価される。切り土法面の場合、崩壊（比較的小規模な土砂が、ばらばらになって急激に落ちて来るタイプ）は前者に支配され、地すべり（大規模な土塊が、まとまってゆっくりすべってくるタイプ）は後者に支配されると言われている。

図-2.2は、横軸に連続降雨量、縦軸に時間雨量をとり、高速道路近辺で発生した斜面災害事例のうち、自然斜面からの土石流災害と盛り土法面の崩壊事例を中心に、それぞれの災害発生時までのデータをプロットしたものである。

この図から、以下のことが言える。

①土石流（図中の●）は図の上方、つまり主として時間雨量に支配される

②盛り土法面の崩壊（●）は連続降雨量に支配される

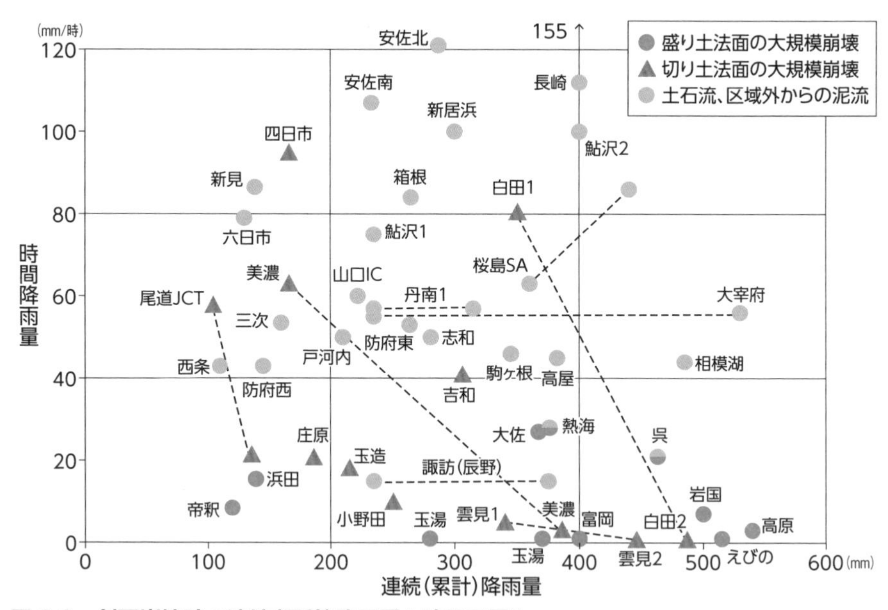

図-2.2　斜面崩壊時の連続（累積）降雨量と時間雨量[2]（奥園、下野加筆）

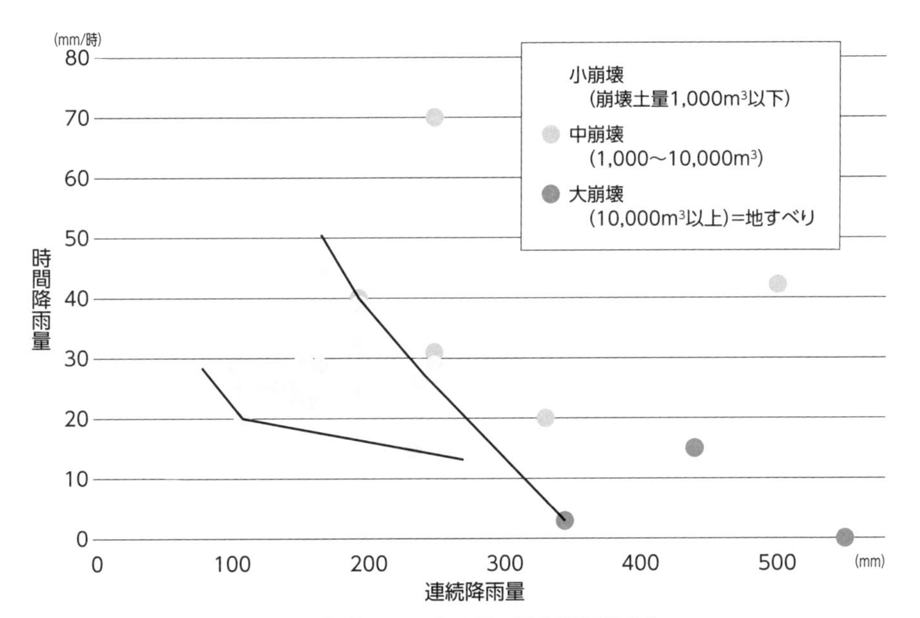

図-2.3　切り土法面における災害時までの降雨量と最大降雨強度[3)]

また、**図-2.3**は同様に、切り土法面での実例を崩壊規模別にまとめたものである。この図から、以下の傾向が読み取れる。

③切り土法面の場合は、小規模崩壊は雨量強度、即ち時間雨量に影響を受けやすく、地すべりを含む中・大規模崩壊ほど総雨量（連続降雨量）に支配される傾向がある

いずれにしても、梅雨末期のような長雨の後の集中豪雨に遭うと、すべてのタイプの誘因が整うことになる。

2-3 盛り土法面、雨がやんでも安心するな

盛り土法面の崩壊が連続降雨量に支配されやすいことは、2-2項で述べた。

図-2.4は、高速道路の盛り土で比較的大規模な法面崩壊を起した箇所の、崩壊までの累積降雨量の経時的変化を示したものである。

図の「×」が、それぞれの崩壊が発生した時点である。いずれも累積雨量が横ばい、つまり雨が降りやむ頃に崩壊が起こっていることが分かる。これは、盛り土の場合、降水が盛り土中に貯留されるまでに時間を要し、崩壊までにタイムラグ（時差）があるためと推定される。道路においては、管理者は長雨がやんでからも、盛り土の点検が不可欠ということになる。この場合、路面からだけではなく、盛り土末端（法尻）までの点検が必要となる。

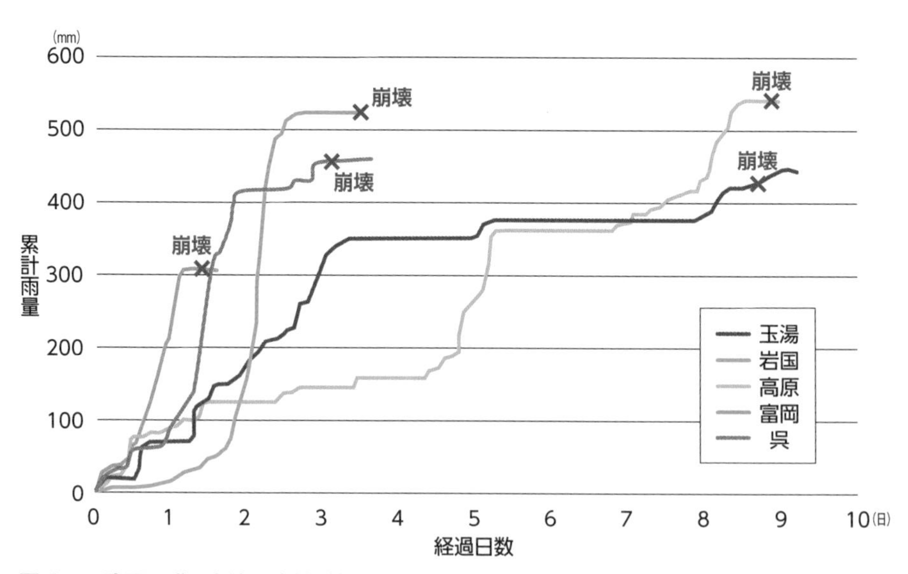

図-2.4　降雨と盛り土法面崩壊時期の関係[4]（奥園加筆）

2-4 完成後に初めて体験する大雨は管理基準値以下でも要注意

道路が開通して間もない時点で、法面を含む周辺の斜面は、いわゆる「雨慣れ」をしていない。そのため高速道路の場合、供用開始後5年間は通行止めを含めた交通規制のための降雨基準値のハードルが、低めに抑えられている。しかし5年を過ぎても、道路開通後初めて受ける「洗礼」で、崩壊を起こすことが少なくない。

図-2.5は、道路が開通して5年以上経過した法面が、初めて「体験」した降雨（連続降雨量）によって崩壊した事例を集めたものである。各年の雨量は、その年の最大連続雨量を代表値とした。いずれも、開通後に初めて受けた大雨で崩壊している。

道路管理者は、開通後5年が過ぎても、過去に受けた降雨の最高記録を更新した場合、その雨量が管理基準値に達していなくても警戒領域に入ったと考え、道路パトロールの強化などの対策を講じる必要がある。

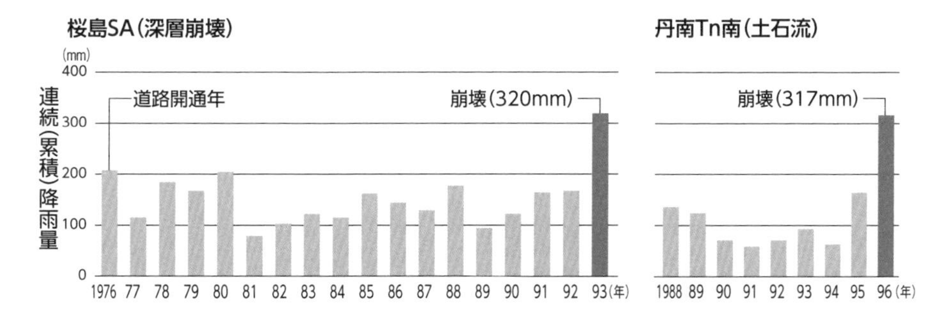

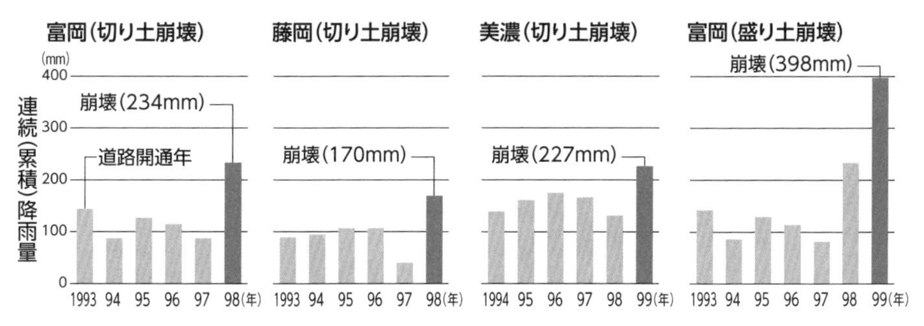

図-2.5　道路開通後、災害発生時までの経過各年の累積降雨量

2-5

雪解け時期の降雨は「豪雨」だと思え

豪雪地帯では、融雪時期にしばしば斜面崩壊が起こる。特に、日本海側の第三紀層が分布する地すべり地帯では、春先に災害が多い。さらに雪解け時期に雨が降ると、泥流を伴う土砂崩壊が起こることが多い。

写真-2.1は、北海道の道央自動車道黒松内地区で、融雪期の切り土法面が崩壊した事例である。この崩壊直前までの、残雪量の変化（融雪高さ）から求めた累積融雪量と直前の降雨量の推移を**図-2.6**に示す。この時、崩壊の4日前から気温が急上昇し、それまでも積雪深は減少していたが（図ではこれを融雪高で表示）、やはり4日前から急減少（融雪量は急上昇）している。なお、融雪量は積雪高の減少分である。一方、降雨も12日前から見られ、崩壊直前は半日で45mm降っている。雨自体は大した量ではないが、広範囲の雪を一度に溶かしたものと思われる。

筆者が災害の翌日に現場を訪れた時も、周辺の側溝には集中豪雨時と同じようなあふれんばかりの水が、音を立てて流下していた。早い話が、かき氷にあまり冷たくない水を掛けた状態と同じで、急速に融雪水が流れ出したものだろう。これは、降った雨の量よりも、雨滴の温度エネルギーが影響しているものと思われる。

写真-2.1　洪積粘土（火山灰質）の融雪時崩壊

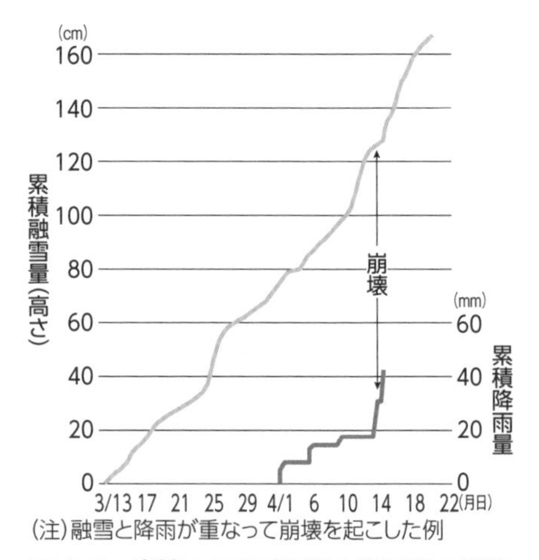

図-2.6　崩壊までの融雪量と降雪量の推移

2-6
災害後の体験雨量に応じて通行規制基準は徐々にハードルを上げる

道路の場合、災害が起こると応急（仮）復旧対策を行った後に交通開放することが前提となる。この時、開通後の雨量による規制が必要であり、災害前よりも低い（少ない）雨量で通行止めなどの規制が行われることが多い。しかしこの場合、どこまで下げてよいのか、またいつまで下げ続けるべきなのかといった基準はなく、地域や組織によってばらばらの解釈がなされているのが実情である。これについては、以下のような考え方がある。

まず、災害直後の通行止め規制雨量は暫定的に思いきり下げて（約3分の2以下に）おくことが望ましい。仮復旧後にその暫定規制雨量以上の雨が降り、災害が再発しなければ、その実績をもって新たな規制値とする。このように、その後の実績に応じてハードルを徐々に上げていくという考え方である。その後、恒久対策がなされれば、元の基準に戻してよいことになる。

2-7 法面崩壊の半分は表面排水施設が原因

図-2.7は、高速道路の切り土・盛り土法面の崩壊原因調査結果である（高速道路総合技術研究所資料）。いずれも、表面排水処理工が関与した崩壊の割合が大きく、なかでも縦溝・小段排水溝（横溝）・排水枡（ます）などからの崩壊例が多い。

排水施設の設計は通常、確率降雨量と、後背地および法面の流出係数などから水収支計算を行い、流出量を求め、それに必要な排水断面を求めて決定する。しかし、近年は地球温暖化の影響か、当初の設計確率降雨量を軽く上回る雨が降る傾向があることと、この設計法に盲点があることが指摘されている。なかでも、2-8項で述べるが、枡の設計および小段縦溝での跳水や溢水（いっすい）の問題の見直しに迫られている。

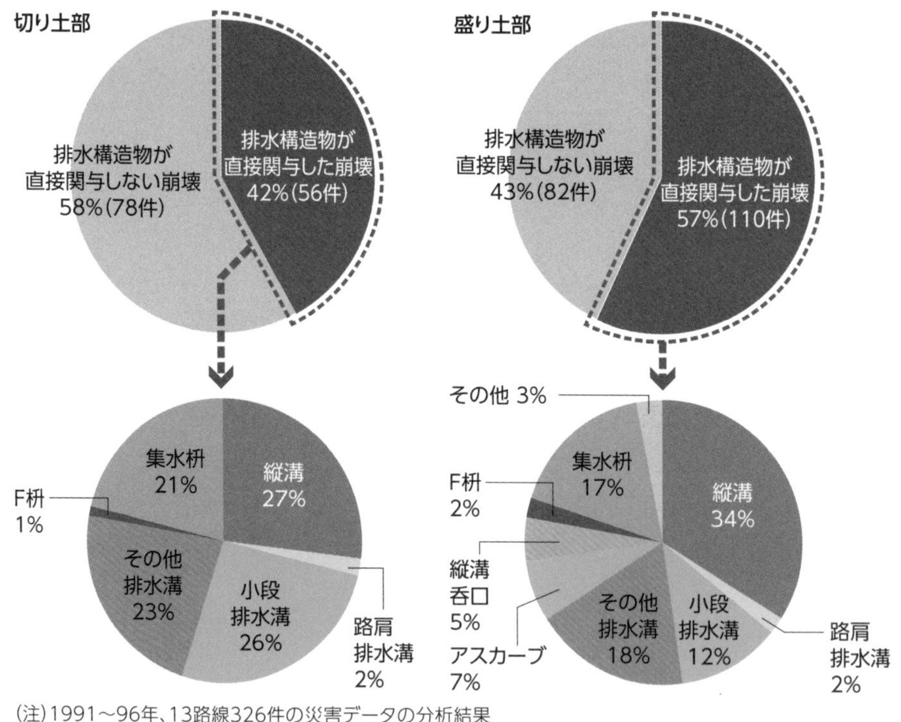

（注）1991～96年、13路線326件の災害データの分析結果

図-2.7　排水溝の欠陥が土工部の崩壊に占める割合

2-8 法面排水指針の盲点、跳水対策は蓋と壁、溢水対策は枡の改良を

写真-2.2は、高速道路盛り土法面の豪雨時の跳水状況の例である。このような状態が続くと、特に盛り土法面は簡単に崩壊を起こす。跳水・溢水に対しては2-7項でも述べた通り、今後の基準改定が待たれるところであるが、既に完成された施設では早急に改良する必要がある。

高速道路総合技術研究所では、現場排水実験や室内実物大実験などによって、**図-2.8**のような集水枡の改良を提案している。

即ち跳水に対しては、周りを止水壁で囲い、頭に蓋をかける方式とし、溢水対策としては枡の断面を拡大し、流速を落とすために、減勢工として底部に突起を設けるという方式である。**写真-2.3**は、舞鶴若狭自動車道での改良例である。

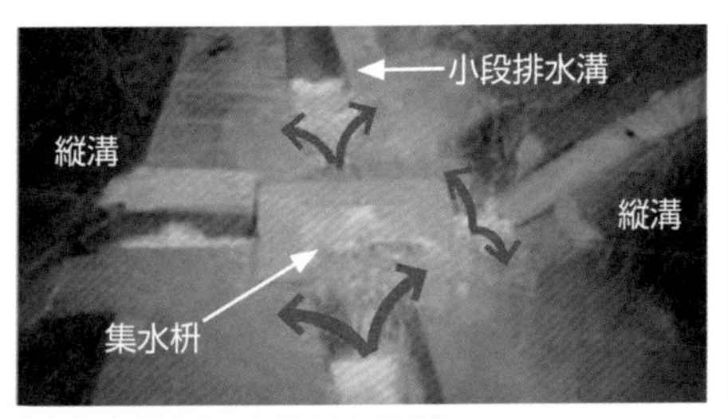

(a)集水枡(盛り土法面小段部)

(b)縦排水溝(盛り土法面)

写真-2.2　排水構造物からの溢水状況(盛り土部)

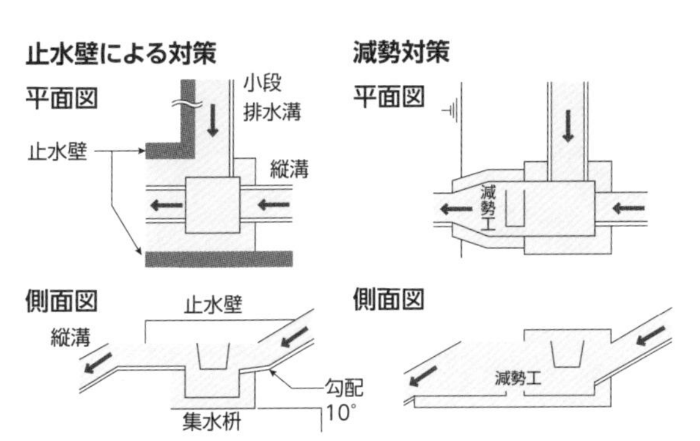

図-2.8　小段排水集水枡溢水対策の例

写真-2.3　法面小段排水枡跳水防止対策の例

2-9

長々と持って回すな排水路

道路盛り土では、路面や切り土部からの表面水を集めて、水路や縦断管・横断管を使って盛り土上を遠くまで引き回して排出させることがある。この場合、盛り土路肩部の沈下などで排水溝やパイプが欠損すると、そこから多量の水が集中して盛り土中に流れ込み、法面崩壊を起こすことがある。

写真-2.4は、上信越自動車道で豪雨時に発生した盛り土の崩壊例である。また**図-2.9**は、その平面図に、表面水の排出経路を示したものである。

ここでは、左端のトンネルからの水を、①の縦断管で長野方向（図の右側）に引っ張り、②と③では反対側車線（図の上側）の切り土部からの水も横断管で合流させながら、途中、崩壊した箇所の上側④を通過し、⑤から縦溝で⑥まで落とし、⑥では⑦から来た水も合流させ、側道伝いに崩壊地側面の⑧まで引っ張っている。結果論で

写真-2.4　盛り土の崩壊状況

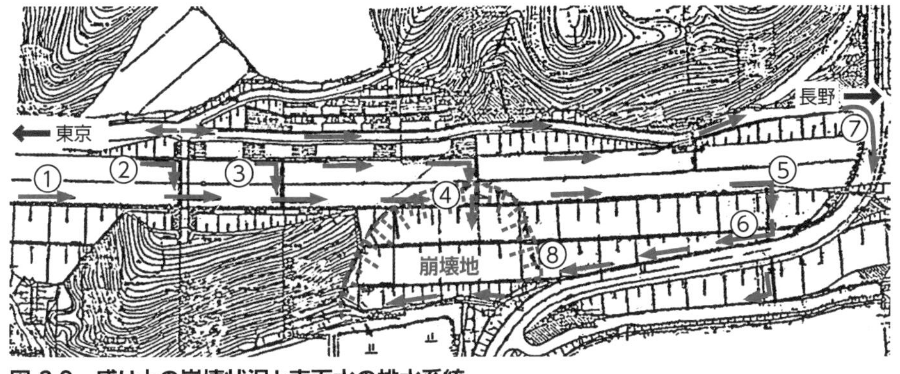

図-2.9　盛り土の崩壊状況と表面水の排水系統

はあるが、崩壊箇所には④の地点と⑧の地点で、盛り土中に多量の水が流れ込んだ可能性が高い。

切り土を含めた長大法面での排水施設は、道路の場合、道路縦断方向に長々と引っ張るのではなく、小刻みに法面の縦溝で落とし、道路の外に早く排出させることが肝要である。

2-10 切り土法面近接地の開発事業は災害を誘発することがある

道路などの切り土では、建設時には周辺近接地からの水収支を計算し、法面もそれに見合う排水溝などを配置する。しかし完成後、法面上部の敷地外が大規模に改変されると、流出係数（降った雨水の流れ出しやすさ）などが大幅に変わり、豪雨時に予想外の流水が一気に法面に集中して、思わぬ災害を引き起こすことがある。

図-2.10～**図-2.12**は、山形県酒田市で発生した切り土法面の崩壊例である。**図-2.10**は建設時の状態で、法面上方には豚舎が1棟存在していた。**図-2.11**は開通15年後の集中豪雨時に同地点で発生した災害の状況で、法面上部にさらに2棟の豚舎が建て増しされていた。つまり、流出係数の大きな建物が増えた影響で、そこからの雨水が一気に法面へ流入したものと思われる。（**図-2.12**崩壊断面図参照）。責任の所在はともかく、道路管理者は常に区域外の環境の変化に気を配っておく必要がある。

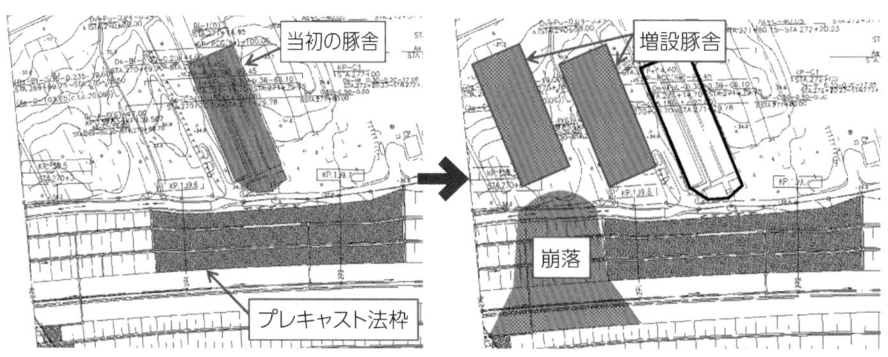

図-2.10　切り土法肩上部の環境（豚舎増設前）　図-2.11　切り土法肩上部の環境（豚舎増設後）

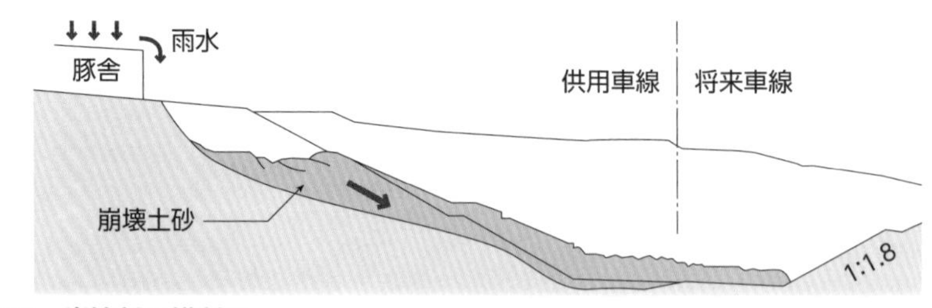

図-2.12　崩壊部の横断図

2-11 盛り土と現地盤の境界の地下排水流末は1カ所に集中させるな

谷中の盛り土や傾斜地盤上の腹付け盛り土では、その基礎地盤との境界からの湧水処理のため、一般には暗渠(あんきょ)排水溝を配置する。また、盛り土上流からの表流水は、パイプなどで盛り土中を横断させることが多い。このような場合、その流末を1カ所に集中させると、施設が欠損した場合、多量の水が盛り土中に流れ込んで滞留し、盛り土自体の崩壊につながる恐れがある。**写真-2.5**は、山陽自動車道での崩壊例である。

さらに**図-2.13**は、同盛り土の平面図に地下排水施設の配置を記入したものである。図でも分かる通り、当地は谷中盛り土で、細くくびれた谷の出口（ボトルネック）を盛り土法面が塞ぐ形となっていた。

暗渠排水は図の①、②、③の小溝からの湧水を受け、④で合流させていた。さら

写真-2.5　盛り土の崩壊状況[5)]

に、盛り土上流からの表面水を⑥、⑦のパイプで盛り土中を横断させていた。これらの流末は④の暗渠も合流させて、⑧の地点1カ所に集中させていた。台風時の集中豪雨によって、周辺（谷中）の水がこのボトルネックに集まり、その水が盛り土中に浸入・滞留し、大規模な盛り土崩壊につながったものと考えられる。

暗渠排水は、可能ならばできるだけ側近の地表に早めに出し、明渠（表面排水溝）で下流に誘導したい。

なお、ここに掲げた事例において犠牲となられた方々に対し哀悼の意を表すとともに、惨事から学ぶことの重要性を今後とも伝えていきたいと考えている。

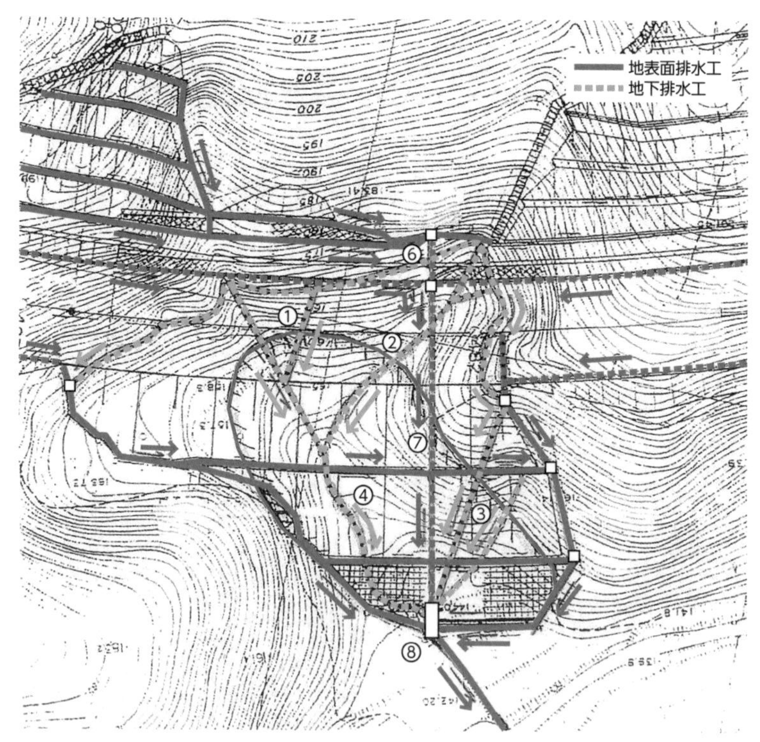

図-2.13　谷埋め盛り土の排水系統図の例[5)]

2-12
谷埋め盛り土と「レベルバンク」は地下ダムだと思え

道路が山裾や小谷を横断して盛り土で通過する場合、残土処理や将来の拡幅余地として、上流側にできる低地を路面近くまでフラットに余盛りすることがある。これを、通称「レベルバンク」と呼ぶ。**図-2.14**は、そのレベルバンクにおける浸透水の概念図である。

図の右側のレベルバンク部分には、水に対して次のような悪条件が重なる恐れがある。①山側（谷の場合上流側）から表流水が流れ込んでくる。②斜面（地山）からの地下水が盛り土中に浸入する。③降った雨も、盆地状になってしまった余盛り部にそ

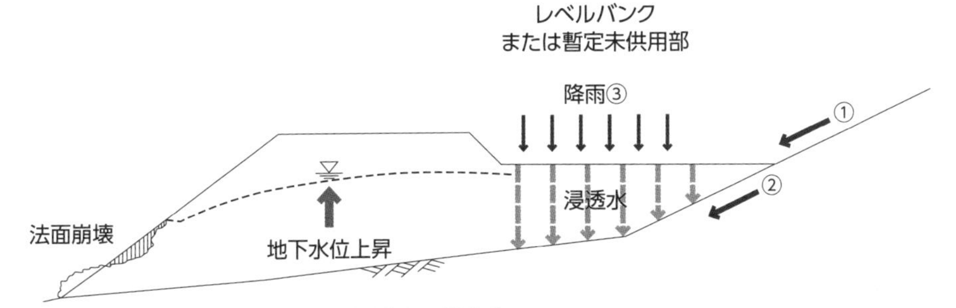

図-2.14　レベルバンクにおける浸透水の概念[6)]

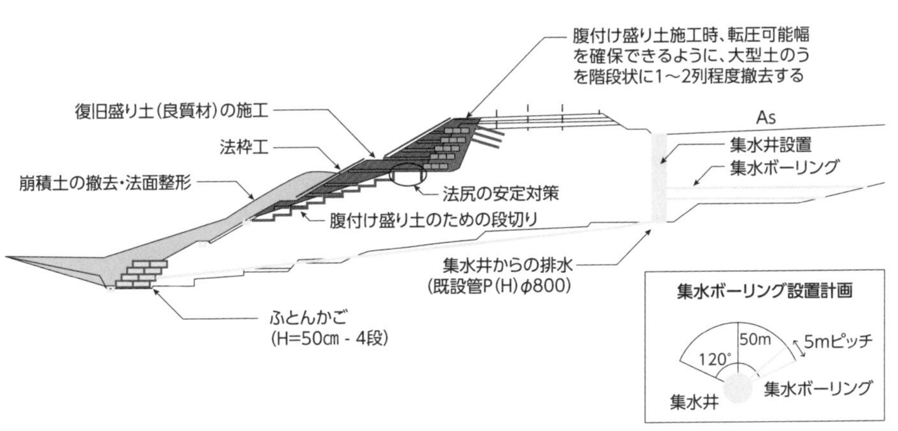

図-2.15　恒久対策例の断面図[6)]

のまま浸透してしまう。

これらの条件が重なると、同図に示すように、盛り土中の地下水位が上昇し、下流側（左側）の法面は飽和状態となり、降雨時に法面崩壊を起こす危険性が高くなる。

図-2.15は、宮崎自動車道で豪雨時に起こしたレベルバンク盛り土の崩壊の復旧対策例である。復旧は、まず左側の崩落土砂を取り除き、鉄筋補強土と土のうで仮復旧（左側2車のうち1車線を確保）し、法面部分は砕石などの良質材で埋め戻し、法尻付近はふとんかごで押さえた。

問題の右側のレベルバンク部分は、図の通り、集水井戸と井戸中から山側に向けて放射状に水平（集水）ボーリングを施工し、集めた水は排水用ボーリングで左側の法尻まで誘導した。レベルバンクと斜面との地表境界は、表流水をシャットアウトするために、U字溝で盛り土範囲外に誘導した。レベルバンクの表層は再転圧し、アスファルトでシールし、雨水の浸透を防止した。

本事例は、災害復旧のための手厚すぎる対策と言えなくもないが、レベルバンクの場合、建設段階でも特に山側の水の流入阻止と暗渠などによる地下排水には、十分な配慮が必要である。

2-13 地すべりの地下水排除工は遅効性 思い立ったら直ちに着工せよ

地すべり対策において、地下水排除（低下）工法は有力な工法の一つである。しかし、あくまでも「抑制」（動きを減らす）工法であり、杭やグラウンドアンカーのような「抑止」（動きを力で止める）工法ではない。従って、抑止工のような即効性はないと考えたほうがよい。

図-2.16は道央自動車道の両切り区間において、両方の切り土法面から地すべりを起こした事例である。建設中は断面図の通り、①頭部排土、②鋼管杭、③道路面の上げ越し（かさ上げ）、④杭頭からのグラウンドアンカー打設 ── といった対策がなされた。その結果、動きは沈静化したとはいえ、停止しないうちに供用開始（道路開通）を迎えた。

開通後も対策は続けられ、両法面の上部に、⑤集水井（せい）と⑥集水ボーリングによる大規模な水抜き対策を2回に分けて行った。これらの対策によって動きは徐々に減少し

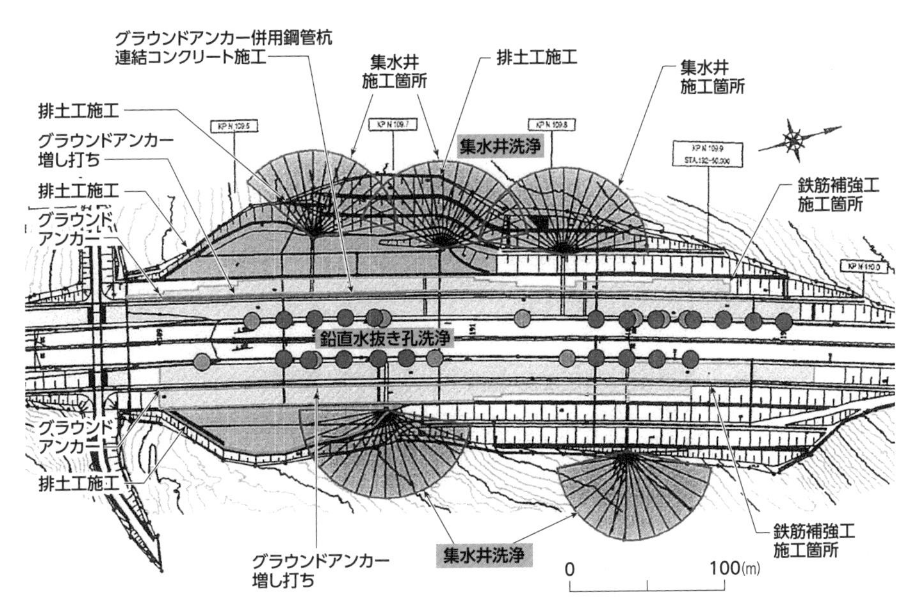

図-2.16　地下水排水対策の施工事例（道央自動車道・納内地区の平面図）[7]

ていったが、最後に切り土法面法尻（道路面路肩）から⑦鉛直方向にボーリングを掘り、深部の被圧水を抜く対策（バーチカルドレーン）を試みた。

図-2.17は、開通後の一連の地下排水対策の施工時期と、それに伴う変位（路面の盛り上がり量）の時間的変化を示したものである。変位は超長期的スケールで見ると沈静化しており、地下水対策の効果には長い時間がかかることが分かった。結果論ではあるが、地下水対策は建設中に、最初から早急にやるべきであったという反省が残った。

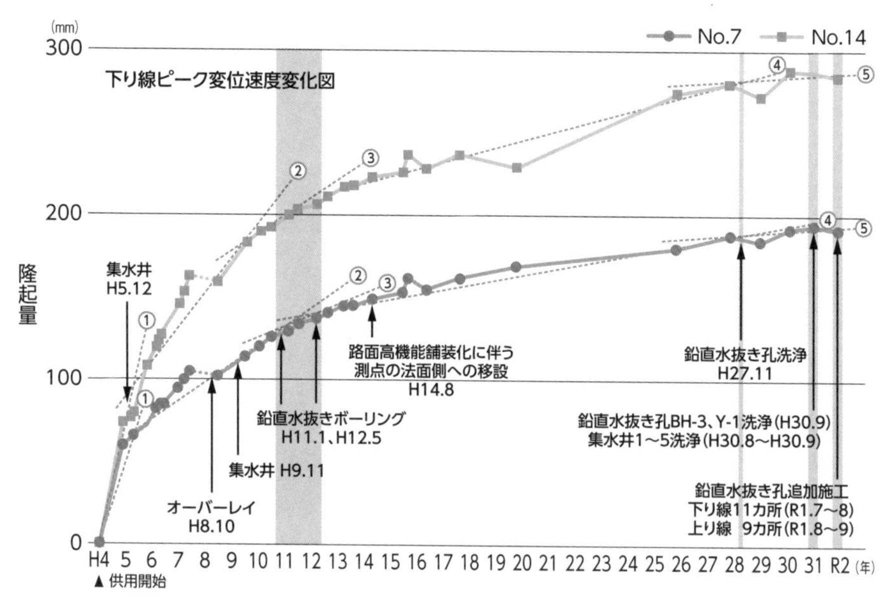

図-2.17　供用後の地下水排水対策時期と路面隆起量の変化[7)]

2-14
活動中の地すべり対策
水抜きボーリングは両サイドから

動きが停止していない地すべり地において、地下排水のための水平（横）ボーリングを行う場合は、危険防止のため、地すべり地の外、つまり両サイドから掘るほうがよい。地すべり地の中央部や下方に孔口を設けると、掘削中の削孔水の影響もあり、活動を活発化させ、作業中の人が崩土を浴びる恐れがあって危険だからである。

写真-2.6は、静岡県の南伊豆道路の地すべりの様子で、最終的に地すべりの左半分が大崩壊に移行した事例である。過去（この崩落以前）に行った水抜き対策としての横ボーリングの配置を**図-2.18**に示す。ここでも、水抜き孔は地すべり地の両サイドから行われているが、施工性の関係で、多くのボーリングは右サイドから施工された。結果論かもしれないが、その影響からか、大規模な崩落は水抜き孔の少ない左サイドで起こり、右半分はかろうじて残っている状態だった。

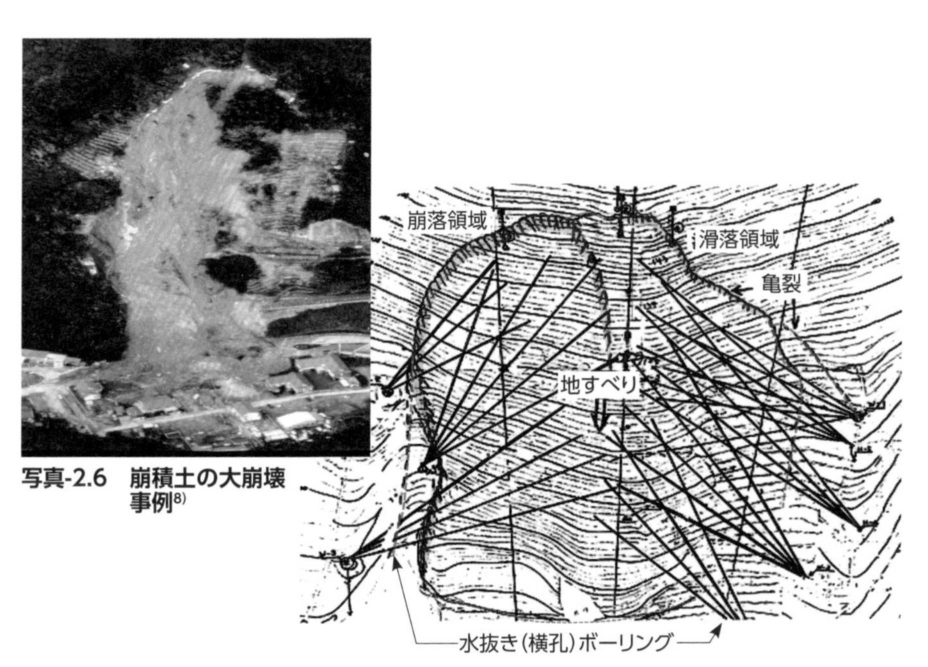

写真-2.6　崩積土の大崩壊事例[8)]

図-2.18　地すべり両側からの水抜き工事例[8)]

2-15 地すべり地の水抜き水平ボーリングはまず滑落崖の下を狙え

明瞭な地すべり地形には、滑落崖や陥没帯が存在している。これは、引っ張り領域にできた地形である。この場所は地すべりの頭部に位置し、力学的に言えば主働領域、つまり活動力の最も大きい領域である。この領域で地下水が「満タン」状態になれば、有効応力の低下以上に、水圧そのものが活動力に加担することになる。従って、この部分の水抜きが対策としての最優先となる。

図-2.19は、地すべり地からの水抜きの概念模式図である。即ち、同図の①のボーリングを施工し、次にすべり面にかかる間隙水圧低減のために、すべり面を貫くボーリング②を施工する。同図は、地すべり地内の直下からの削孔作業に見えるが、2-14項で述べた通り危険を伴うので、なるべく両サイドから行うか、活動が休止している時に施工することが望ましい。

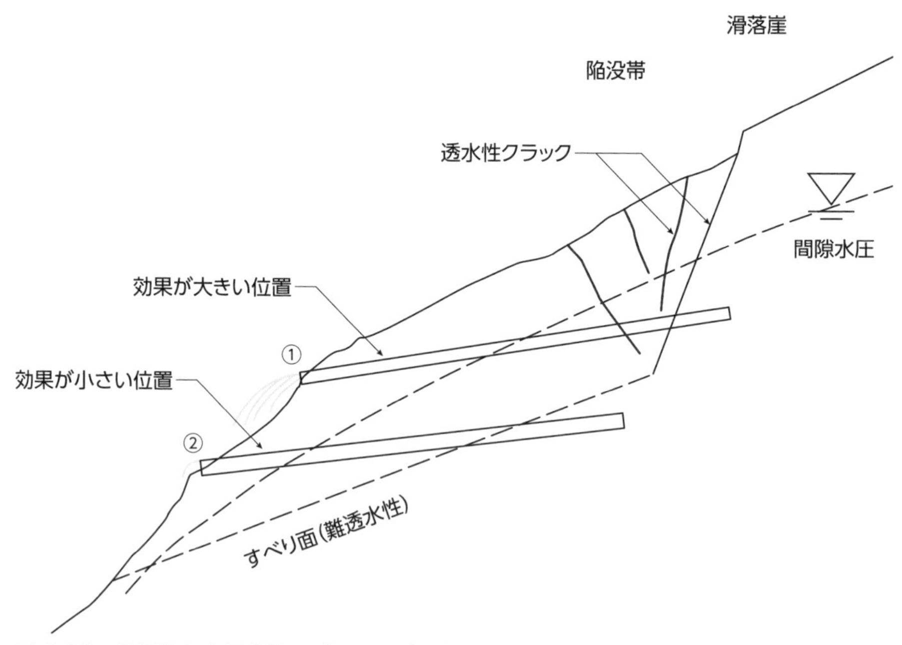

図-2.19　効果的な水平水抜きボーリングの位置[9)]

2-16 水抜き水平ボーリングの施工時の注意点3点

以下に、水抜き水平ボーリングを施工する際の注意点をまとめておく。

(1)「すべての孔から多量の湧出」は、まだ孔不足

地下水を排除（低下）させる工法として、ここまで説明してきたように、水平（横）ボーリングによる水抜き対策がある。一般的な工法ではあるが、その効果を過大に期待してはいけない。筆者らの調査では、集水域100m^{2}当たりボーリングを10m入れて、水位が2m下がる程度だと思われる。さらに、「水みち」に当たらなければ「空振り」ということもある。筆者らの拙い経験ではあるが、命中率は3分の1（3打数1安打）程度が普通である。**写真-2.7**のような100%に近い打率の時は、喜ぶよりむしろ「まだ足りない」と考えるべきである。このような場合は、上方に井戸（集水井）を掘るといった対策も考えておくほうがよい。

(2) 水抜きボーリングの孔口を1カ所に集め過ぎるな

集水ボーリングは、削孔時の架設（仮設）の手間を省くため、1カ所から固めて放

写真-2.7　水平ボーリングによる水抜き対策例（水抜き効果が高い箇所）

射状に施工することが多い。この場合、湧水排出効果（打率）が高い箇所では、**写真-2.8**のように多量の水を1カ所に集中させることになり、孔口付近の法面表層を脆弱化させる危険性があるので、できる限り避けたほうがよい。集めるとしても、1カ所当たり3、4本までとしたい。

(3) 活動中の地すべりでは、同時多数の削孔の集中作業は避けよ

活動中の地すべり地内で、多数のボーリング機械を用いて同時に集中削孔作業を行ってしまうと、大量の削孔水を地中に流し込むことになり、ますます活動を活発化させる恐れがある。これは、調査ボーリングやグラウンドアンカーの施工に対しても同じことが言える。筆者らの経験では、地すべり規模にもよるが、同地内でボーリング機械を同時に5台以上集中稼働させることは、できるだけやめたほうがよい。

写真-2.8　水平ボーリングによる水抜き対策で表層を緩ませた箇所

2-17 水抜きボーリングの配置は抜き取り検査孔から隣接地へと拡大

地下水排除工の設計時には、まず地下水調査（地下水位、流動方向、水質など）を行ってから配置計画を立てるのが本筋である。しかし、災害後などで工程に余裕がない時には、"見切り発車"せざるを得ない場合がある。例えば水平ボーリングの場合、概略の配置計画を立てた後、抜き取り方式でまず試し掘りを行い、孔口からの湧水状況を見て優先順位を決めていく試験掘り施工が望ましい。

図-2.20は、法面からの水平ボーリングの概略配置計画の概念図である。この場合、左図（施工平面図）の左端から順に掘るのではなく、例えば右図（施工工程図）のように、削孔後の水の出具合を見ながら次の削孔位置を決めていくという方式である。

即ち、図の工程のように、ボーリングマシン1台で行う場合、まずNo.2を掘り、水がある程度出るようであれば両隣のNo.1、3を掘る。No.2から全然出ないならばNo.1、3は諦めて、No.5に移る。5の湧水状態を確かめ、出るようであれば両隣のNo.4、6を掘る。No.6が出ない場合は同様にNo.8に移る。No.8の出具合によってNo.7、9の必要性を決める。最後に、両端のNo.1、No.9からもたくさん出るようであれば、念のためその外側に、予備のNo.0またはNo.10を掘る ―― といった具合だ。

この方法では、最初の3本の孔から水が全然出なければ、そこで打ち切りとなるし、全部から出るようであれば、さらにそれぞれの中間部に追加の孔が必要ということになる。なお、マシンが2台の場合は、両側から同時に、同じ考えで削孔していくとよい。

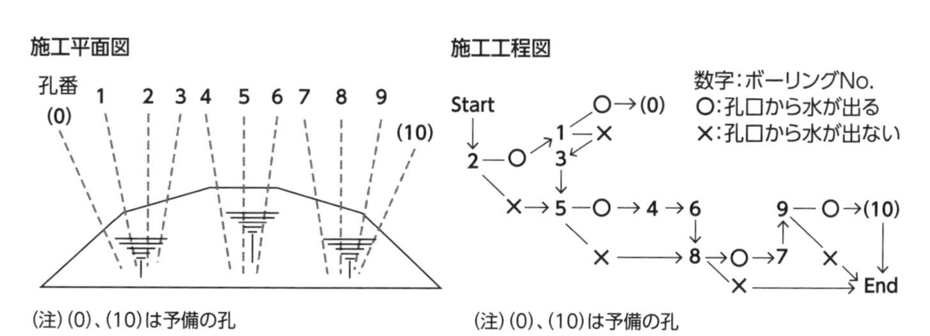

図-2.20　水平ボーリングによる水抜き対策工での優先順位の考え方

2-18
集水井からの排水孔は複線またはバイパスを

集水井は、その中から上流に向けて放射状に掘った水平ボーリングによって、周辺の地下水を集めるために設置する。こうして集めた水は、別の排水用のボーリング孔によって、地すべりの外に排出される。この排出孔は閉塞しないように、井戸の底面よりも1～2m上に出口が設けられている。

しかし、流末（出口）の状況の変化や泥土、2-19項で述べる水垢などで閉塞することがある。それが原因となって集水井が満タン状態となり、地下水位の異常な上昇を招き、法面崩壊を起こした事例もある。こうした事態を予防するためには、排出孔のバイパスが必要となる。即ち複線とする（予備孔を設ける）か、井戸同士を互いにボーリングで連結させて、出口を複数設ける方法が考えられる。

集水井戸の排出孔は、半永久的にその使命を全うする重要な役目を持っており、目詰まりを含めて流末の点検管理は大切な任務の一つである。集排水管の評価は**図-2.21**の通りで、断面欠損が25%以上の場合は、直ちに清掃することが望ましい。

集水井は、他の構造物と同様に5年ごとに点検する必要があるが、設置位置や構造に対する点検の困難性から、補修までが積極的に行われているとは思えない。集水不能や集水した水の漏出は、地下水位上昇の要因となり、地すべりの安定性の低下に直接つながること、地すべり活動や浅いすべりなどによる本体の損傷や変形が進行すると終局的には躯体（ライナープレート）が破断すること、躯体の腐食・劣化、損傷・変形が進行し、躯体が損壊すると集水管が閉塞し、集水不能や集水した水の漏出が生じる恐れがあることなどから、適切な点検と補修が必要である[10]。

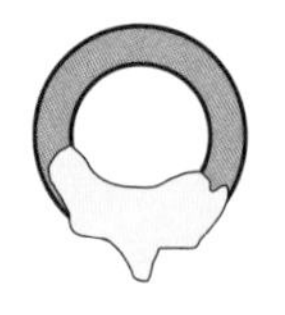
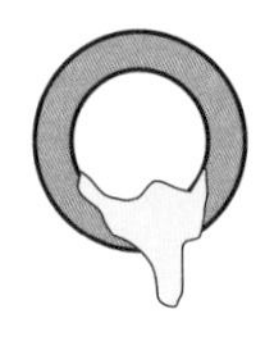
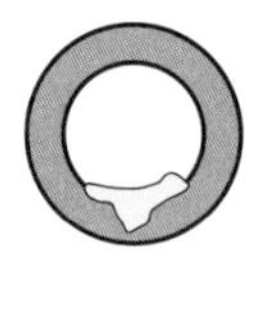

(a)断面欠損25%未満⇒機能低下なし

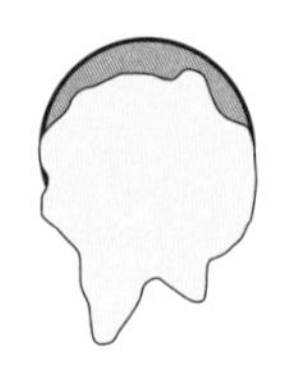
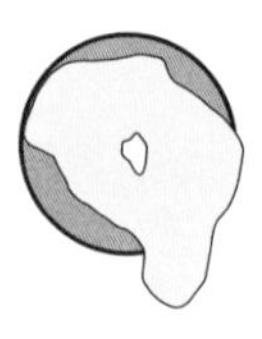
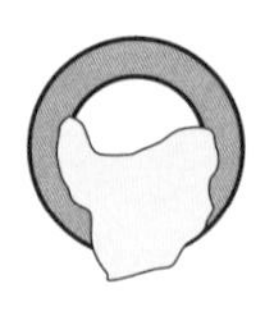

(b)断面欠損25%以上⇒機能低下あり

図-2.21　水抜き孔閉塞評価の判断基準[10]

2-19 水抜きボーリング孔は5年に1度は清掃を

水抜き水平ボーリングは、地すべり斜面や法面安定のために、一般的な工法として多用されている。また、高速道路では集水井からだけでも、延べ12万mの集水ボーリングが施工されている。しかしこの工法は、半永久的に効くことが前提である。

写真-2.9は、ボーリング孔の口元が水垢で詰まった状態の例である。**写真-2.10**はそれをウオータージェットで清掃しようとしている状況で、**写真-2.11**は清掃後、ほぼ元通りに回復した結果の写真である。

旧日本道路公団高速道路総合技術研究所では、各地の施工箇所の断面閉塞状態を調査し、水抜きボーリング孔の口元断面閉塞率と経年の関係を調べている。その結果、以下のような報告がなされている。

写真-2.9　水抜き孔の詰まり(集水井)

写真-2.10　ウオータージェットによる洗浄(集水井)

写真-2.11　洗浄後の水抜き孔(集水井)

まず、閉塞率は経年とはそれほど関係ないが、概ね5年を過ぎると清掃の必要性があることがうかがえる。次に、孔の閉塞は水垢の付着物（スケール）によるもので、分析の結果、主成分は鉄（鉄バクテリア）およびマンガンである。湧水の水質分析の結果も、第一鉄イオン1mg/L以上、マンガンイオン0.5mg/L以上、かつ溶存酸素量の少ない値の水に閉塞率が高いことが分かっている[11)]。

写真-2.12は、盛り土法尻に施工した水抜き孔である。道路掘削後の盛り土材は、自然由来の鉄分を大なり小なり含有しており、材料素因としての酸化反応をなくすことは不可能であるため、定期的な清掃が望まれる。

写真-2.12　盛り土法尻の水抜き孔スケール

2-20

土石流はいろいろな意味で恐ろしい

土石流の形態は、豪雨などによって流域山腹や谷頭部に多量の水が供給され、流木や土砂、礫、岩石が、崩壊に伴う噴出水や表流水とともに、非常に速い速度で一気に変状移動（崩壊）するものである。つまり、土石流は「命が懸かる」ということにつながる[12)]。

土石流は、その発生形態から見ると、主に3タイプに分けられる[13)]。渓流内に一時的に堆積した崩壊土砂によって天然ダムが形成され、これが決壊することにより土石流となって流下する「天然ダム決壊型」、渓流上流域で崩壊が発生し、その崩壊土砂が土石流となって流下する「山腹崩壊型」、渓流に堆積している土砂が流水の増加に伴い流動化して土石流となる「渓床堆積物移動型」である。ただし、土石流の発生は複合的な作用によるところが大きく、各々の関連性はいまだに解明されていない[13)]。

写真-2.13は、平成30（2018）年7月豪雨で発生した、山陽自動車道での土石流災害の一部の写真である。高速道路の4車線を覆いつくすような流木と泥流が流入しており、このような被害が40カ所以上発生し、道路の早期啓開に大きく立ちはだかった。ただし、事前通行止め措置が機能し、利用客へ直接被害がなかったことは幸いであった。日本道路公団時代まで遡っても、このような重篤な災害が広範囲にわたって数多く発生したのは初めての経験である。

図-2.22、**写真-2.14**は、土石流が発生したことによって広島呉道路（広島県）の盛

写真-2.13　平成30（2018）年7月豪雨時の山陽自動車道の土石流被災状況

り土法面が崩壊・喪失した現場の図面と写真である。大規模な盛り土が喪失する災害が発生し、盛り土崩壊土砂は隣接したJR呉線および国道31号に流れ込み、主要交通機能が失われ、結果として呉市の孤立状態を招いた。この災害の大きな特徴は、豪雨による土石流の発生からおよそ37時間後に盛り土が崩壊したことである。言うなれば、土石流被災と盛り土崩壊の「玉突き現象」である。

崩壊のメカニズムを**図-2.22**に示す。①時間雨量が最大となった7月6日19時頃に土石流が発生し、流木と土石が渓流出口と道路盛り土間の谷部に堆積して横断管呑口が閉塞した。②その後の降雨によって谷部が滞水し、貯留水と雨水が浸透したことによって盛り土が飽和した。さらに、貯留量を超えた水が本線を越流して南側盛り土斜面が表層崩壊した。③盛り土内の地下水位が高まり、7月8日8時過ぎに盛り土が崩壊した――という3段階の過程を特定した[14)]。

土石流が引き金になったことは事実であるが、横断排水管の呑口が閉塞しなければ盛り土の崩壊はなかったと考えられる。2-12項で述べた「道路上流側谷部の盛り土構造と排水処理に留意が必要である」ことにもつながる。

NEXCO東日本・中日本・西日本では、高速道路沿線の渓流調査と高速道路への影響評価結果に基づき、土石流被害の減災を目的として、高エネルギー吸収型防護工を主体とした自衛対策を検討している。高エネルギー吸収型防護工については、4-15

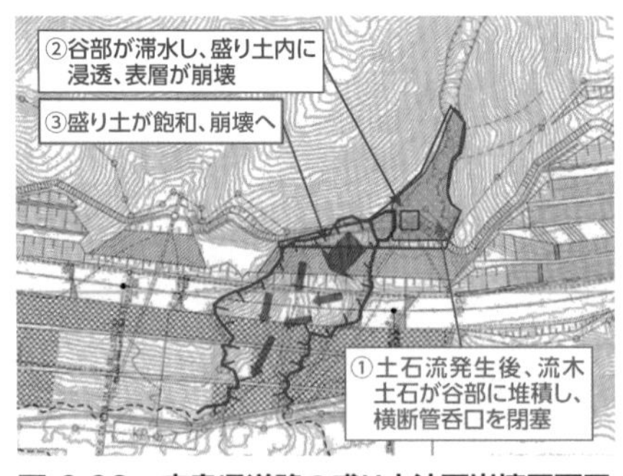

図-2.22　広島呉道路の盛り土法面崩壊平面図

写真-2.14　広島呉道路の盛り土法面崩壊状況

項、4-16項で詳述する。

また、土石流は同じ場所で繰り返し発生することが指摘されている[15)、16)]。社会的に影響が大きい土石流災害箇所では、一度発生したからといって安心できないことを肝に銘じておく必要がある。昨今では、道路インフラを預かる技術者や一部有識者の間で、「道路砂防」なる言葉も飛び交っており、今後は減災目的を主とした自衛対策を本気で議論すべきだと考える。

いずれにしても、土石流はいろいろな意味で恐ろしいと考えたほうがよい。

2-21 これはいつか来た“地すべり” 地すべりの再滑動は避けられない

地すべりはその発生過程において、「初生すべり」と「再滑動すべり」に大別される。日本国内の地すべりは、停止と再滑動を繰り返す「再滑動地すべり」に分類されるものが非常に多いと言われている[17)]。そこで本項では、再滑動地すべりに絞って留意点を述べる。

道路計画において、明瞭な地すべり地形を有する切り土は、施工時において非常に苦労を伴うため、線形計画時に極力避けることが一般的である。しかし、それが不可能な場合や想定外の地すべりが発生した場合は、対策工（抑制工、抑止工）を施工して、十分な安定性を確保している。ところが、昨今ではこうした対策工を施工したにもかかわらず、再び滑動する地すべりが増えてきている。

図-2.23は、筆者らが把握している直近10年の比較的規模の大きい「長期滑動・再

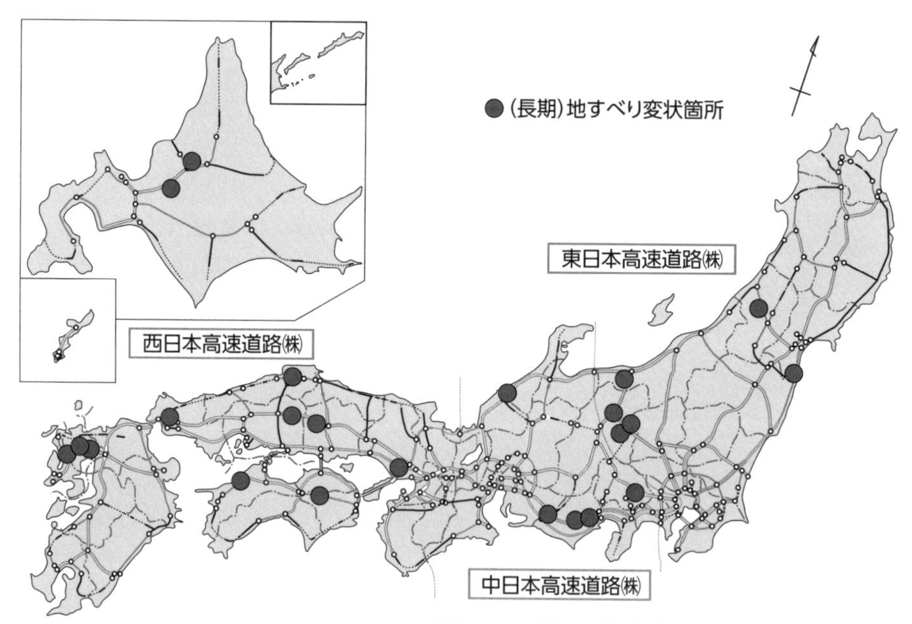

図-2.23　高速道路における長期地すべり・再滑動地すべり箇所（奥園原図、下野加筆）

滑動地すべり箇所」である。いずれも、理論上は十分な対策工が施工されているが、供用後も変状が継続している箇所や再滑動している箇所があることは悩ましい限りである。休眠状態とはいえ、微小な変位（クリープ）を伴っていることが多く、豪雨や地震を機に再滑動するケースも多い。

再滑動地すべりは、もちろん厳密に同じ範囲が再滑動しているとは言えないが、ほぼ同じ範囲で繰り返されており、いずれも三十数年以上経過して再び動き出すという特徴が散見されている。地すべりは、滑動停止後の残留状態となったすべり面の再圧密効果により、せん断強度がわずかに回復すると考えられる。これが俗にいう「地すべりの免疫性[18)]」である。しかし、それが再び滑動するようになるのはなぜだろうか。

「浸食や堆積によって地形が変わった」「新たな地下水流路が形成された」「既存の地下水流路が閉塞した」「すべり面付近の強度が低下した」――などの要因が推測されるが、どのような条件が必要であるのかはいまだに分かっていない。力学試験や単純に逆解析をしたとしても、安全率（Fs）が1を下回る土質定数の設定は非常に難しい場合が多い。故に、再滑動後の対策工検討は非常に厄介である。ましてや、再滑動を考慮した設計はほぼ不可能である。

ところで、これらの現場では当然のことながら、対策工の検討に際して、詳細な土質調査が行われている。それら報告書には、ほぼ間違いなく「（膨潤性）粘土鉱物、スメクタイト」の存在を疑わせるような記述があるが、実はその含有量や成分などが詳細に分析されたものは少ない。地すべりの発生は、第三紀層泥質岩、変成岩および火山変質岩の地域にほぼ限られるため、本能的に「（膨潤性）粘土鉱物」の存在が記述されていることも多分にあるのではないかと疑ってみたくもなる。

「（膨潤性）粘土鉱物、スメクタイト」の含有量や成分が、対策工検討に必要であることの事例を示してみよう。石田ら[19)]は、スメクタイトを含む軟岩の諸性質について、「スメクタイトの水和反応による軟岩の膨張·膨圧時間特性は、含まれる交換性陽イオンの化学成分比に依存する」としている。

図-2.24は、交換性陽イオンのCa/Naと遅れ破壊の時間の関係を示している。これは、神戸層群の軟質凝灰岩について、「X線分析」と「CEC（Cation Exchange Capacity）試験」などを行った結果で、「崩壊型」はスメクタイトに含まれる交換性陽イオンのCa分が多く含まれるものに相当し、「中間型・膨潤型」には交換性陽イオンのNa分が比較的多く含まれるものが該当すると考えられる。数カ年に及ぶ変形・変状は膨潤であると推察され、「中間型・膨潤型」の軟質凝灰岩の影響が多少あると考えられるものであった[20]。

膨張･膨圧の時間特性は、交換性陽イオンの成分比によって即時崩壊を発生させる「崩壊型」と、時間とともに膨潤する「中間型・膨潤型」に分類でき、「膨潤型は交換性陽イオンがNaを主体とするもの、崩壊型はCa、Mgが卓越するもの」と言うことができる。「中間型・膨潤型」に分類された地すべりの場合は、少々事務手続きに手間を取ることになるが、用地買収を視野に入れ、危険素因部を排土除去する方法が効果的であ

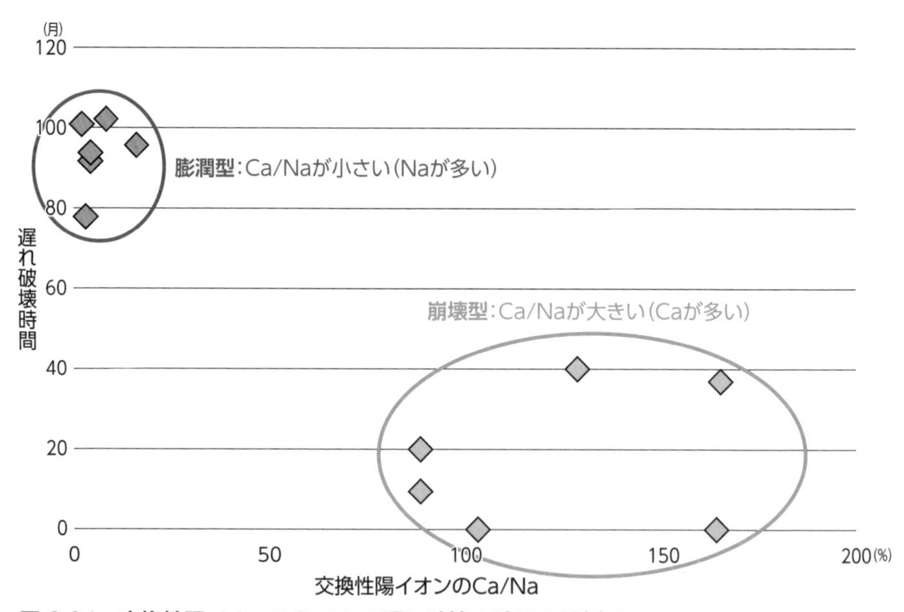

図-2.24　交換性陽イオンのCa/Naと遅れ破壊の時間の関係[20]

る。地すべり対策を検討するうえで、いくらやっても効果が薄い対策工（特に抑止工）を選定しないためにも、このような分析結果を基に検討することが重要であろう。

いずれにしても、地すべりは再滑動することを視野に入れ、「要注意箇所」として注視しておくことが大切である。

第2章 参考文献

1）奥園誠之:切土法面の維持管理、（公社）日本地すべり学会、日本地すべり学会誌、第41巻、No.6、pp.569-575、2005.

2）道路斜面防災に関する調査研究委員会（奥園ら）:道路斜面防災に関する調査研究　報告書、（公財）高速道路調査会、道路・交通工学研究部会、pp.344-345、2014.

3）奥園誠之:斜面防災100のポイント、p.154、鹿島出版会、2006.

4）道路斜面防災に関する調査研究委員会（奥園ら）:道路斜面防災に関する調査研究　報告書、（公財）高速道路調査会、道路・交通工学研究部会、p.345、2014.

5）山陽自動車道　災害調査検討委員会:平成17年度　山陽自動車道　災害調査検討委員会　報告書、（公財）高速道路技術センター、p.185、2006.

6）日本道路公団試験研究所:平成10年度・11年度　災害事例集:JH試験研究所技術情報、第154号、pp.40-41、2000.

7）奥園誠之:技術の伝承ー現場の教訓から学ぶー（切土法面の「想定外」の挙動事例とその対策で得られた教訓）、（公社）地盤工学会、地盤工学会誌、第59号、No.11、pp.81-89、2011.

8）道路斜面防災に関する調査研究委員会（奥園ら）:道路斜面防災に関する調査研究　報告書、（公財）高速道路調査会、道路・交通工学研究部会、pp.33-41、2014.

9）上野将司:危ない地形・地質の見極め方、日経BP社、pp.100-101、2019.

10）国土交通省砂防部保全課:砂防関係施設点検要領（案）、国土交通省砂防部、pp.10-40、2020.

11）佐藤亜樹男、松山裕幸、長尾和之、三浦理司、堀俊和:（公社）地盤工学会、地盤工学シンポジウム論文集、第49巻、pp.323-330、2004.

12）奥園誠之:斜面防災100のポイント、p.6、鹿島出版会、2006.

13）国交省河川局砂防部、（財）砂防・地すべり技術センター:土砂災害警戒避難に関わる前兆現象情報の活用のあり方について、土砂災害警戒避難に関わる前兆現象情報検討会、資料-1、pp.2-12、2006.

14）広島呉道路　災害復旧に関する検討委員会:広島呉道路災害復旧に関する検討委員会報告書、西日本高速道路（株） 中国支社、西日本高速道路エンジニアリング中国（株）、pp.287-293、2019.

15）大川侑里、金折裕司、今岡照喜:白亜紀防府花こう岩体で発生した土石流の分布と性状、応用地質、52-6、pp.248-255、2012.

16）鈴木素之、阪口和之、楮原京子:山口県防府市における土石流の特徴と土砂災害発生年表、（公社）地盤工学会論文集、地盤と建設、Vol.33、No1、pp.105-113、2015.

17）千木良雅弘:地すべり・崩壊の発生場所予測—地質と地形からみた技術の現状と今後の展開—、（公社）土木学会論文集C、Vol.62、No.4、pp.722-735、2006.

18）今村遼平:山地災害の『免疫性』について、（一社）応用地質学会、応用地質、Vol.48、No.3、pp.132-140、2007.

19）石田良二、西川総明:スメクタイトを含む軟岩の諸性質（1）、（一社）日本粘土学会、粘性科学、Vol.32、No.2、pp.97-107、1992.

20）中川渉、遠藤司:神戸層群凝灰岩の切り土掘削に伴う地盤変形と遅れ破壊、Landslides - Journal of the Japan Landslide Society、Vol.41、No.4、November、pp.355-365、2004.

第3章 斜面防災対策のための現地調査および改良工事設計の着眼点

3-1 土石流調査は斜面上方の「まさかの坂」まで登れ

土石流は、斜面上部の遷急線（上から下方を見て勾配が急角度に変わる変換点を横方向につないだ線）直下が崩壊し、そこが発生源となることが多い。従って、下流の人家や道路などの関係者は、渓流のはるか上流の状態をも把握しておく必要がある。

図-3.1は、土石流で被災した近畿自動車道舞鶴線の事例である。ここでもはるか上流の尾根（分水嶺）近くが発生源となり、そこを起点として土石流が流下してきたことが分かる。この発生源も、やはり遷急線の位置に他ならない。

土石流ハザードマップ作成のための現地調査は、分水嶺近くまで登る必要がある。なお、最近はUAV（Unmanned Aerial Vehicle：ドローンなど）を飛ばして、空からの情報を比較的容易に得ることができる。有効利用が望まれる。

人であれ無人機であれ、とにかく「真坂＝まさかの坂まで登れ」である。

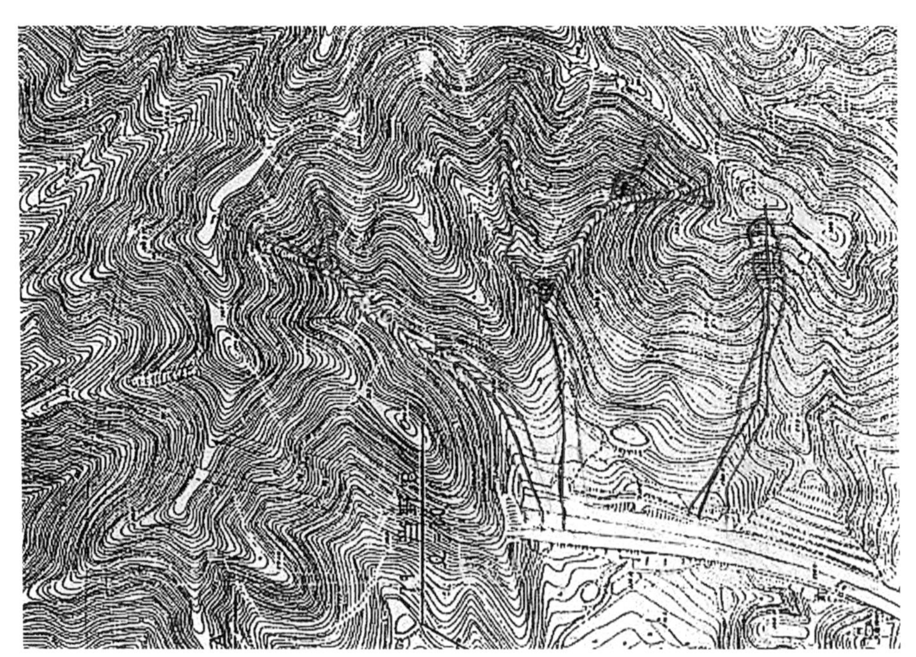

図-3.1　土石流発生渓流の平面図

3-2

斜面上方の道路は土石流の水源と思え

斜面上方に林道や旧道が存在する場合、しばしばその直下から土石流が発生することがある。これは、道路が水路の役目を果たして表面水を集め、横過する沢部から一気に放流することが原因の一つと考えられる。特に、道路が腹付け盛り土で、渓流を横過する箇所で十分な排水施設および流末処理がない場合は、その可能性が高い。

図-3.2は、土石流多発地の地形図である。この図の範囲で新旧7カ所の土石流跡が見られるが、そのうちの6カ所（図中の①～⑥）は旧道脇から発生していることが分かる。

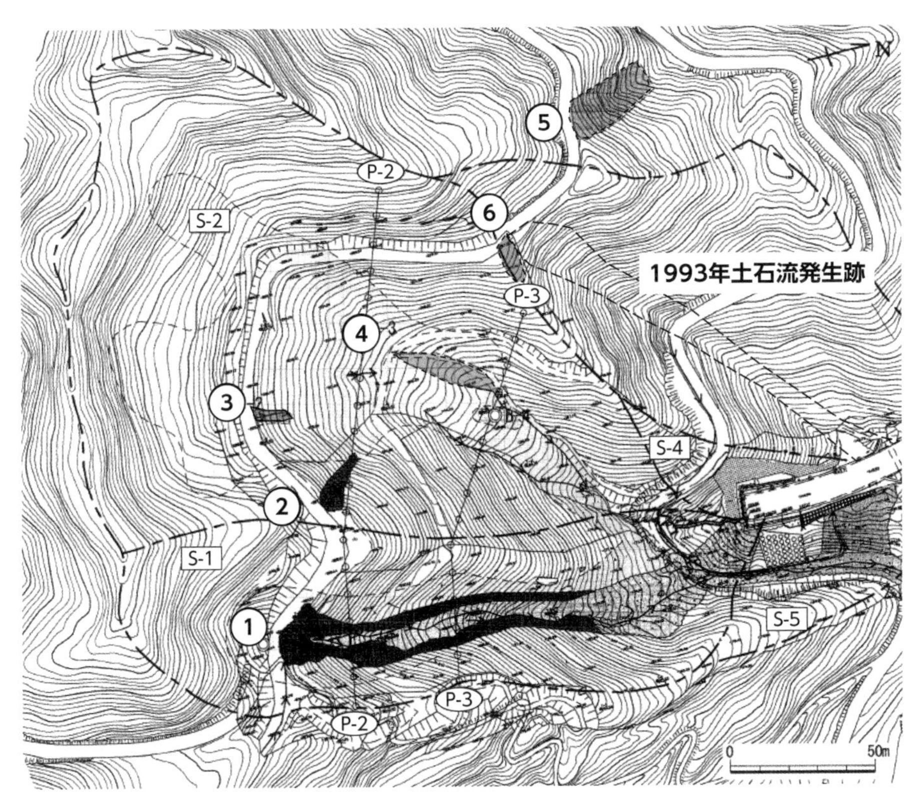

図-3.2　道路直下を源頭部とする土石流（2002年）の例[1)]

斜面上方に道路などを計画する場合、路面の排水計画は特に流末に十分配慮し、斜面への垂れ流しは避けるべきであろう。逆に既設道路の下流側は、土石流の「少なくとも第1波の土石流により流出すると想定される土砂量（Vdqp）」の直撃だけは阻止できるような対策工を講じる必要がある。

2021年7月3日に発生した「伊豆山土砂災害（熱海市伊豆山地区逢初川で発生した大規模な土砂災害）」の原因は、山の谷間にできた開発による道路そばの不適切盛り土であることが指摘されている。これは、「斜面上方の道路は土石流の水源と思え」ということと間接的に関連しており、広義には類似事象であると言える。このように、斜面上方に道路や盛り土構築物などがある場合は、点検に留意することや、計画がある場合は流末の土砂対策と排水対策に十分注意する必要があることを、改めて思い知らされた事例となった。

写真-3.1は、流末での防災·減災対策の一つで、「柔構造物」と称される高強度ネットによる防護柵の事例である。詳細は、4-15項で述べる。

写真-3.1　柔構造物による土石流対策の例

3-3
古いタイプのトンネル坑口上部斜面は要注意

NATM工法開発以前のトンネルは、トンネル延長を短くするため、坑口の位置をなるべく尾根の奥まで追い込むことが多かった。その場合、坑口付近（両サイド）には渓流が付いて回るのが常であった。従って、小渓流からの土石流による坑口の被災が多かったし、昨今も被災が絶えない。前出の**図-3.1**や**図-3.2**はその大規模な事例であるが、**写真-3.2**程度の規模の事例は高速道路でも少なくない。

さらに、渓流直近ではなくとも、在来工法（補助工なし）による坑口は、掘削時の地山の緩みが大きく、完成後に坑口直上斜面の崩落事例も多く見られる。**写真-3.3**は、トンネル坑口部直上斜面の崩落事例である。完成後、時間をかけて地盤の緩みが上方へ進行したためか、供用後20年以上が過ぎてから崩落が起こっている。いずれの事

写真-3.2　トンネル坑口部渓流からの土石流（土砂流出）事例

例も表層の崩落であり、道路への土砂流出も比較的小規模であったため、軽微な事後対策（崩土撤去、高強度防護柵やスロープネット設置）で終わったものである。しかし、一歩間違えれば土砂が通行車両を直撃する可能性があったことも否定できず、引き続き重点点検が必要な箇所である。

写真-3.3　トンネル坑口部渓流からの土石流（土砂流出）事例（上：東名高速道路、下：中央自動車道）

3-4 地震で崩れやすい自然斜面 4種類の地形要因

地震で斜面が崩壊するのは、珍しいことではない。2018年9月に発生した北海道厚真町での震災では、同一地区で例外なしに斜面崩壊が起こったかのように見える。しかしよく見ると、同じ震度を受けたはずの同一地域でも、落ちた斜面と落ちなかった斜面がある。

この要因を探るために、これまでも多くの技術者が調査を行っている。ここでは、桧垣らによる「地震による斜面変動発生危険地域評価手法の開発[2]」、奥園らによる「地震による斜面崩壊の実態[3]」、川瀬らによる「兵庫県南部地震時の神戸市中央区での基盤波の逆算とそれに基づく強震動シミュレーション[4]」、入倉らによる「阪神・淡路大震災調査研究委員会報告書[5]」、加納らによる「2001年芸予地震時の尾根部の応答特性に関する検討[6]」などの資料から、結論だけを紹介する。

要因	カテゴリー	崩壊発生率N(%) 平均	評価点
斜面の勾配	10°以下	4	-5
	11°～20°	30	-3
	21°～30°	42	-1
	31°～40°	53	+1
	41°～50°	68	+2
	51°～60°	75	+3
	61°以上	91	+5
断面形状	上昇型	64	+2
	平衡型	39	-2
	下降型	21	-3
	複合型	79	(+3) +2
植生	針葉樹	37	(-2) -1
	広葉樹	66	(+2) +1
	緑地	96	(+5) +3
緩急線	有	65	+2
	無	32	-2

新潟地震　大分県中部地震　えびの地震
(注)評価点の(　)は低減前のもの

図-3.3 斜面地形などの要因と地震時の崩壊発生率の関係の例[3]

桧垣らによると、斜面崩懐に寄与する要因は、「まず、①斜面傾斜角で、やはり急角度ほど寄与率が高い。続いて、②地上開度（谷の真ん中から斜面上方を眺めて、天頂からスカイラインまでの角度）であるが、これも斜面傾斜角に支配される要因と考えてよい。さらに、③起伏量。これは単位面積内（100m×100mのメッシュ）の標高最高値と最低値の差で、これも斜面傾斜角との関連が深い」としている[2)]。

奥園らによると、斜面崩懐に寄与する要因はこちらも「①傾斜角で、やはり急傾斜角ほど崩壊寄与率が高い。次に、②斜面縦断面形状であるが、上昇型（上に凸）と複合型（斜面上部が凸、下部が凹）が崩懐に寄与する傾向がある。さらに、③植生（土地利用）では広葉樹林や裸地の崩懐率が高い。最後に、④遷急線（斜面上部から下方を見て傾斜が急になる点を結んだ線）の有無であるが、これは②の複合型斜面とも関係し、当然「有」のほうが高い結果が出ている」としている[3)]。

図-3.3は、以上を図示したものである。ここでの崩壊発生率Nとは、同一カテゴリーにおける各カテゴリーに該当する崩壊斜面サンプル数を全崩壊サンプル数で除した値をaとし、同じく各カテゴリーに該当する非崩壊（健全）サンプル数を全非崩壊サンプルで除した値をbとし、両者の比、つまりN＝a／b×100（%）を崩壊確率としたものである。また、ランク区分（評価点）は、要因中の平均的崩壊発生率をランク0とし、その上下の開きをランク分けしたものである。この数字が大きいほど、崩壊の発生確率が高い。

断層については、川瀬らによる「兵庫県南部地震時の神戸市中央区での基盤波の逆算とそれに基づく強震動シミュレーション[4)]」や、入倉らによる「阪神・淡路大震災調査研究委員会報告書[5)]」で、断層面はある破壊速度を持って破壊が伝わるため、断層の存在が卓越した地震動を発生させることを観測データから裏付けている[4)、5)]。また、加納らは、尾根部は谷部よりも一般的に風化帯が厚いため尾根部では地震動が増幅されやすくなることを、2001年芸予地震における呉市のデータから明らかにしている[6)]。

地震で崩れやすい自然斜面の地形要因は、斜面傾斜角、斜面の断面形状、起伏量、植生および断層の存在が関与することが推察される。

3-5 地すべりの深さは滑落崖付近では陥没帯の幅と同じ

地すべり面の深さは、ボーリングを行って孔内傾斜計やひずみ計などの計器を埋設し、その動きから判断するのが一般的である。しかし、動きが休止している場合は計器からの情報では判断できない。この場合はボーリングのコアを観察して、すべり面を推定する必要がある。この技術は、深い経験と多くのノウハウが必要となる。ここでは、過去の現場における実績からの判断の目安を紹介する。

上野は、明瞭な陥没帯が確認できた8事例を対象として、その幅と深度の関係を示している[7]。**図-3.4**は滑落崖下の陥没帯（**写真-3.4**参照）の幅（水平距離W_0）と、その位置のすべり面までの鉛直深さ（D）との関係の実績を表したものである。

陥没帯の幅がやや広い傾向にあるが、概ね「幅＝深さ」の関係と考えてよい。

また、上野は全国の地すべり地のうち、孔内傾斜計やパイプひずみ計による観測結果によって明瞭なすべり面変位が検出された50事例から、崩壊幅、崩壊斜長と崩壊

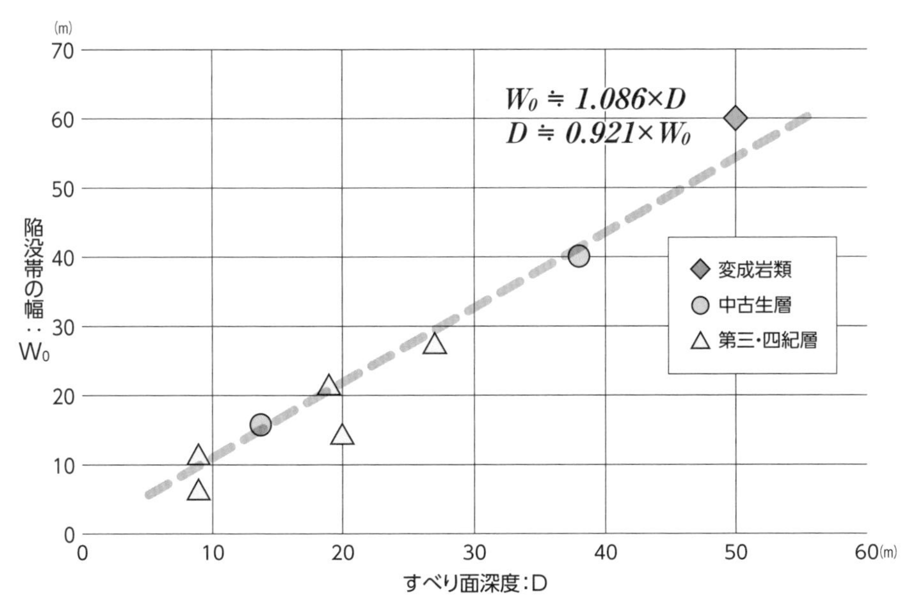

図-3.4　地すべり頭部陥没帯の幅とすべり面深度の関係[7]

写真-3.4　地すべり頭部の陥没帯

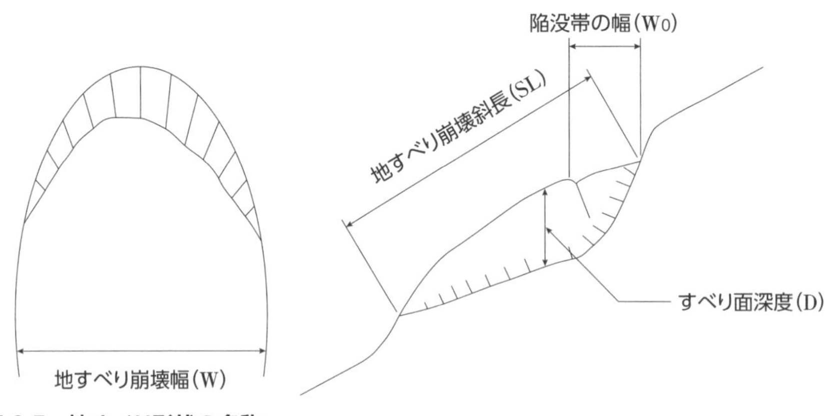

図-3.5　地すべり形状の名称

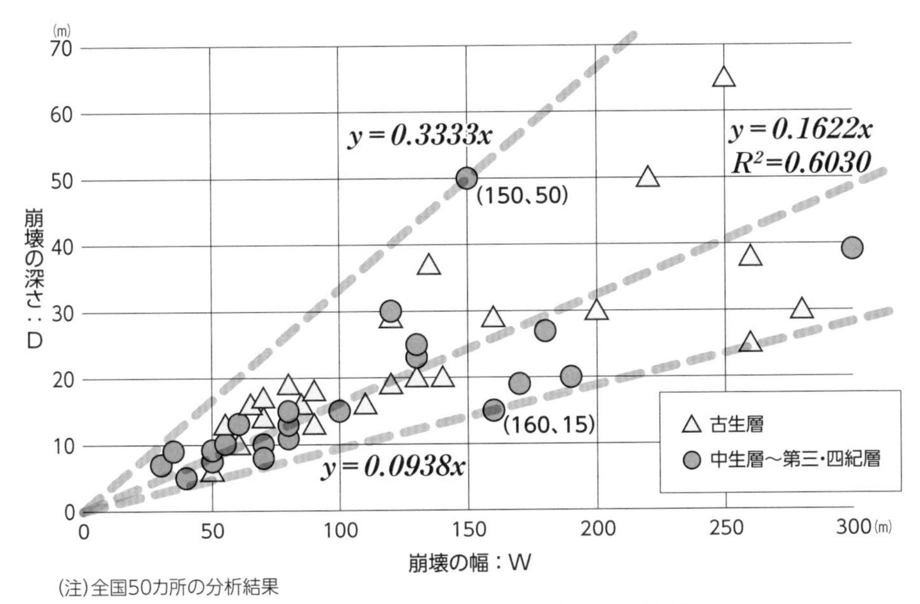

(注)全国50カ所の分析結果

図-3.6　地すべり崩壊地の崩壊幅と崩壊深さ(すべり面深度)の関係[8)] (下野修正)

深さの関係を示している[8)]。地すべりの「横断形状比(W/D)、縦断形状比(SL/D)」は、それぞれ一定の範囲にあることを明らかにしている。**図-3.5**は、この中で定義された地すべり形状の名称である。

図-3.6は「地すべり崩壊地の崩壊幅と崩壊深さ」、**図-3.7**は「地すべり崩壊地の崩壊斜長と崩壊深さ」を示している。50事例の分析とはいえ、決定係数は比較的高く、一定の関係性は見られることがうかがえる。なお、地形条件や地質区分による違いは認められないとしている。

地すべり中間部では、**図-3.6**に示すような地すべりの幅(W)とその位置での深さ(D)との関係から、大略、すべり面までの深さDは、その位置での地すべり幅員Wのおよそ20%程度であると言える。

以上は、過去の実績に基づく地すべり面の深さの推定のための支援情報と解釈され

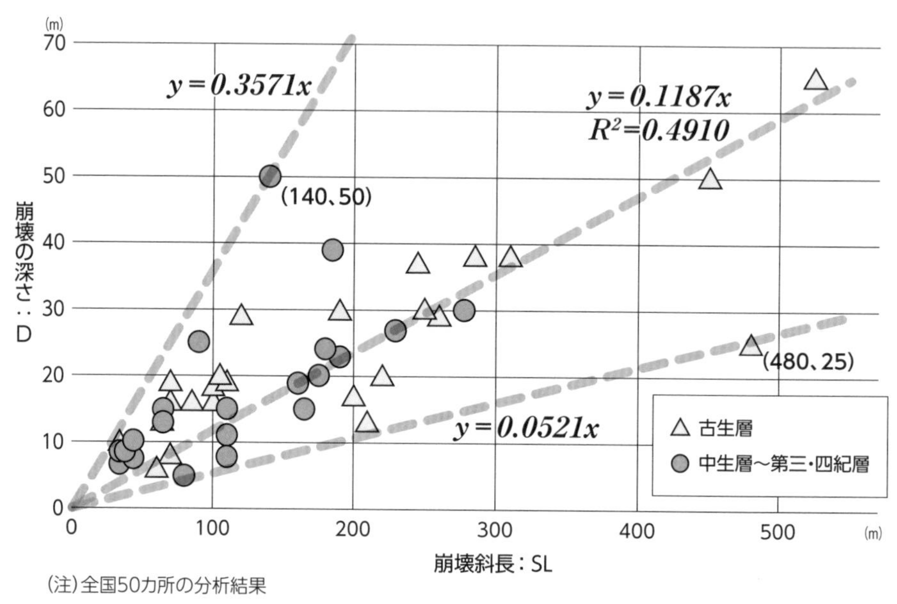

(注)全国50カ所の分析結果

図-3.7　地すべり崩壊地の崩壊斜長と崩壊深さ（すべり面深度）の関係[8)]（下野修正）

たい。特に、斜面災害発生直後の対応では、十分な調査検討を行う時間がないため、その緊急対応に際し、このようなデータを活用することも重要である。崩壊幅Wと崩壊斜長SLは、踏査である程度、把握が可能であるため、緊急対策の場合は、これですべり面までの深さの目安をつけて検討する場合もある。

3-6 切り土法面の変位では地すべりかリバウンドかを見極めよ

掘削に伴う切り土法面の変位には、程度の差はあるが次のような種類が考えられる。まず、①掘削と同時に応力開放による弾性変形が現れる。続いて、②少し遅れて塑性変形が現れる。③塑性変形が大きくなるとせん断破壊が起こり、地すべりや崩壊に至る。さらに、④応力開放に伴う吸水膨張（Swelling）や風化（Slaking）などの二次的な強度低下から③の崩壊へと続くこともある。一方、掘削工事早期に現れるリバウンドは、①が主体となり、一部②へ移行する段階の、いわゆる弾塑性的な変形を言う。

掘削時に変形が確認されたら、まずはリバウンドなのか、地すべりや崩壊につながる初期現象なのかを早く知る必要がある。しかし、その判別は意外に難しい。**図-3.8**は、花崗岩の切り土中に現れた法面変位をベクトルで表した事例である。法面の下方、即ち応力開放の大きい領域ほど変位が大きく、しかも上向きの成分が大きい。つまり、この変形は応力開放に伴うリバウンドと解釈された。

地すべりに伴う変位は、一般的には法面上段の引っ張り側の変位（ひずみ）が大きく、下段や法尻の圧縮側は小さい傾向がある。向きは、上段は下向きの成分が大きく、下段は水平（若干上向きのこともある）成分が大きい傾向となる。また、地すべりで多く現れる上方の滑落崖や引っ張り亀裂などは、リバウンドの場合は現れにくい。

以上の現象から現場でリバウンドと判断したら、極力、急速施工を避け、水平ボーリングなどで地山の地下水位を下げながら工事を進めることが肝要と考える。

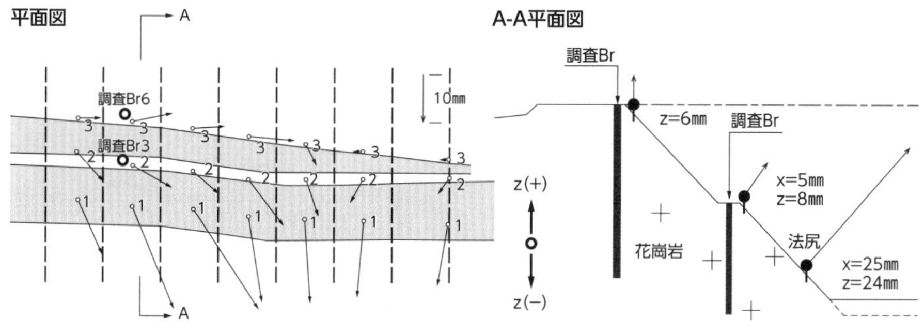

図-3.8　切り土法面のリバウンド例

3-7
地すべりの安全率の考え方 動き出し時点から10%上げればほぼ停止

地すべりの安定計算は、3-8項で述べる「逆算方式」という独特の計算法で行われることが多々ある。これは、過去に動いたことのある地形条件を満たしている場合に一般に適用される。その際、スタートラインとなる現状の安全率が基準となり、一般には0.95～1.05の間にあると言われている。

図-3.9は、東北地方で傾斜地盤上の盛り土が地すべりによって変状をを起こした際の計測事例である。ここでは、応急的に盛り土を排除して安全率の増加を図った。動き始めた時の状態の盛り土形状の安全率を0.95と仮定して、これをスタートラインとして、以後の盛り土除荷に伴う安全率の変化（増加）と、その時の変位量との関係を図示したものである。図の通り、安全率が増加するとともに変位量は収まるという傾向が認められる。

この結果、地すべりが動き出した時点の安全率を0.95とすれば、以後の対策を行う過程において、安全率が1.00（5%上昇）に達すると変位は急激に減少し、1.05（10%増加）でほぼ停止することが分かった。

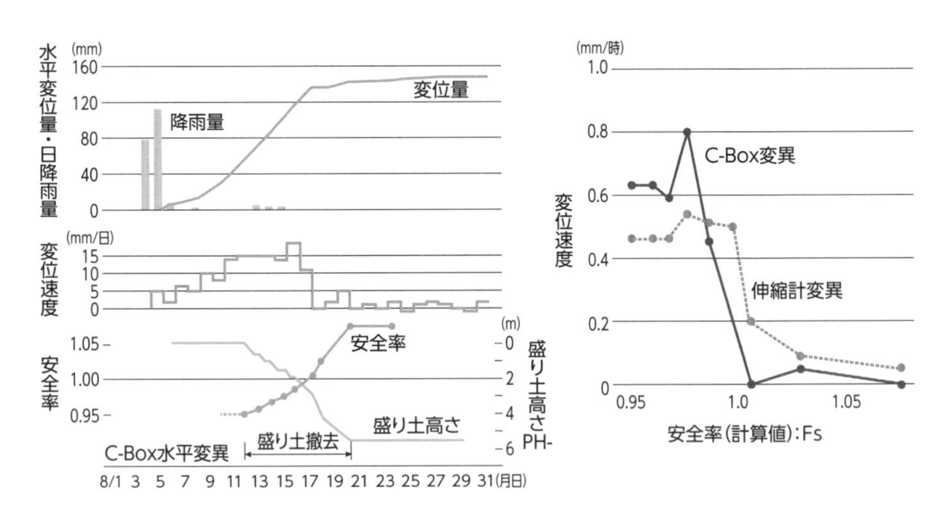

図-3.9　地すべり変位量と安全率の関係

3-8 地すべり安定計算に使うせん断強度は逆算とすべり面試料のせん断試験で

地すべりの安定計算の手順は、①地すべり全体の形状（地形、すべり面形状、地下水位など）からすべり力を求め、②現場の安定状況から現況の安全率を推定し、③逆算方式で（①②から）すべり面の平均的なせん断強度（粘着力c・摩擦角ϕ）を求めるという、地すべり独特の計算法が一般的に採用されている。これは、過去に自然が「実物大のすべりの実験」を行ってくれたものと仮定してスタートした考えである。**図-3.10**に、その計算方法を示す。

図中の[1] 式は、一般的な修正フェレニウスの簡便式である。この中で現場の条件が分かれば、cとϕ以外は既知数となる。[2] 式は、[1] 式を展開してcとtanϕの一次関数に直した式である。従って、**図 (b)**に示すようなc－tanϕの直線となる。この関係から、cかϕかどちらかを仮定すれば、残りが自動的に求まることになる。

この場合、一般的にはすべり面の平均的な深さh（土かぶり厚さ:m）から、h=c（kN／m²）とする手法が採用されている。その他、地表面の傾斜角θがϕを示すという考

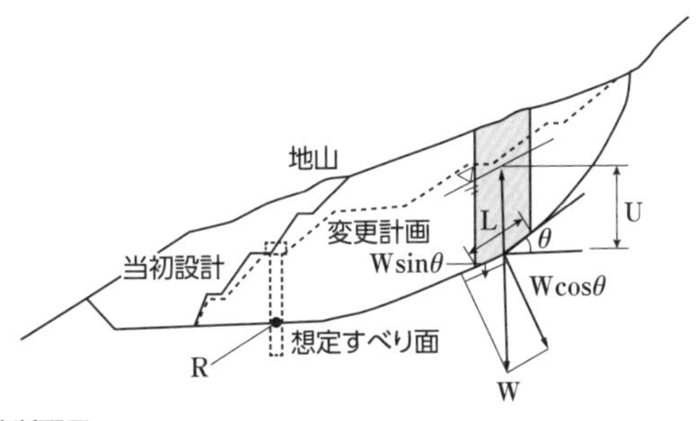

(a)断面図

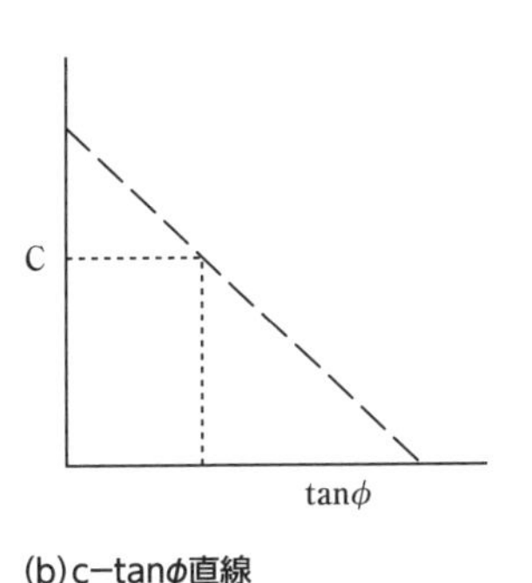

(b)c−tanφ直線

安全率Fsの基本式

$$F's = \frac{\sum C \cdot L + \left(\sum W - \sum U \cdot L\right)\cos\theta \cdot \tan\phi}{\sum W\sin\theta} \quad \cdots[1]$$

逆算法によるすべり面強度の算定

$$c = \{ -\Sigma(W-U \cdot L)\cos\theta \cdot \tan\phi + Fs' \cdot \Sigma W\sin\theta \} / \Sigma L \quad \cdots[2]$$

F's：現状（初期）安全率
W：すべり土塊の質量
U：間隙水圧
c：粘着力
ϕ：内部摩擦角

図-3.10 逆算法による地すべりの安定計算

えから、$\theta \fallingdotseq \phi$とする方法もある。しかし、いずれも経験に基づく手法で、土質力学上、認知された法則ではない。そこで、次のような手法をお勧めしたい。

①可能な限りすべり面から乱さない供試体を採取する

②一面せん断試験（可能ならば三軸圧縮試験（圧密非排水）またはリングせん断試験）により、ピーク強度からc、ϕを求める。次に、ピークを過ぎた残留強度も求める

③採取試料を完全に練り返した供試体で再度、せん断試験を行い、完全軟化強度を求める。以上の試験課程の概念を**図-3.11**に示す

④経験的に求めたcやϕ、それに①～③で求めたせん断試験結果を前出の逆算で求めたc－tanϕ関係図に入れて総合的に検討し、最終的にせん断強度cϕを決定する

図-3.12は、その総合的判断を行った例である。つまり、あくまでも逆算で求めた線上を基準とし、土かぶりからのc、地表面傾斜角からのϕ、せん断試験から得られたピーク強度・残留強度・完全軟化強度それぞれのc、ϕなどを一つの図に整理したも

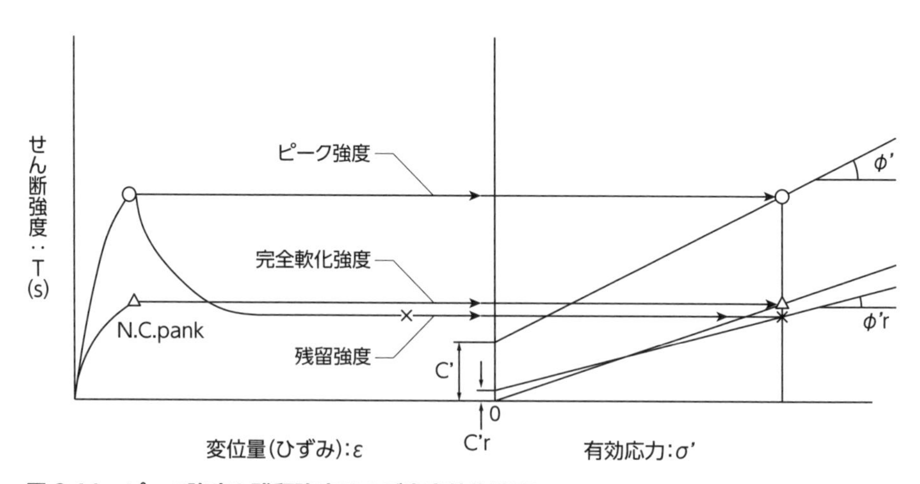

図-3.11　ピーク強度と残留強度および完全軟化強度

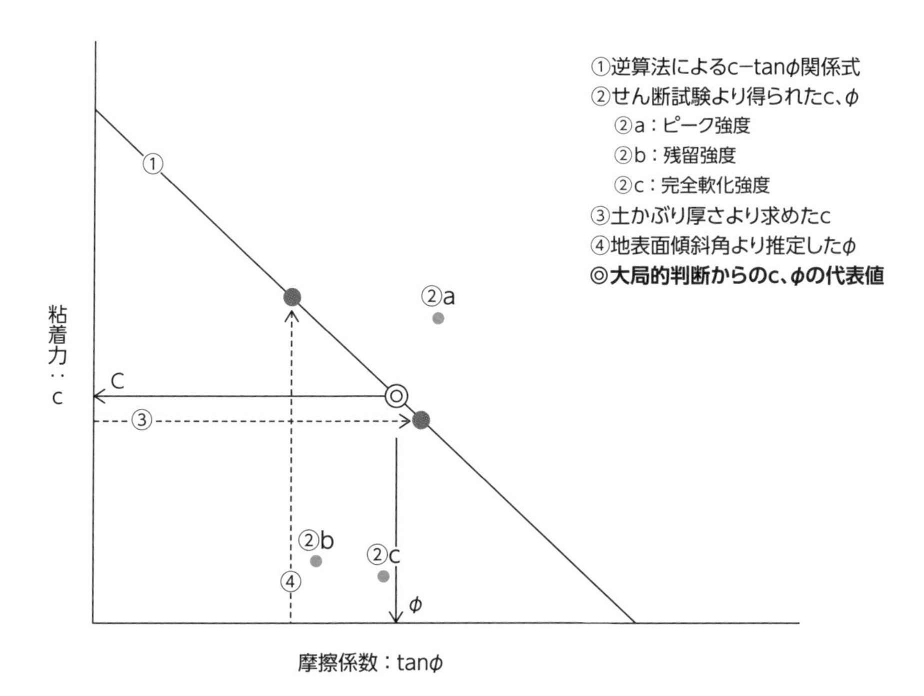

図-3.12　すべり面強度c、φの代表値の求め方

のである。

ここでは、せん断試験結果が逆算直線を跨ぐ位置および土かぶり厚さから求められるcの位置などを優先的に考慮して、図の◎の位置に代表的なc、φを決定している。

3-9 ダムなど水没箇所の地すべり安定計算ではすべり面にかかる間隙水圧は考慮しない

ダムやため池などで斜面の安定計算を行う際、水没部分のすべり面にかかる間隙水圧をどう考えるか、しばしば議論が分かれることがある。だがこの場合、**図-3.13**に示すように割り切って考えるほうが楽ではないかと思われる。

(1) 図のように、完全水没ゾーン（基準水面以下のスライス**(b)**）と非水没ゾーン（頭が基準水面から出ているスライス**(c)**）とに区分する。

(2) **(b)**の完全水没領域①では、飽和した土の単位体積重量から水の単位体積重量を引いた値を用いる。つまり土塊重量から浮力を引くだけで、ここではすべり面にかかる間隙水圧は考慮しない。

(3) **(c)**ゾーンでは、基準水面以下①と、頭が基準水面から出ていて地下水位線と基準水面とに挟まれた部分②、および地下水位線以上の不飽和領域③とに区分する。

(4) **(c)**の①は、(2)と同じ扱いとする。次に、②の領域は飽和単位体積重量を用いるが、浮力は引かずに②領域直下のすべり面にかかる間隙水圧として、基準水面から上の水頭のみを考慮する。③では不飽和の土の単位体積重量を用いる。③はもちろん、間隙水圧は考慮しない。

安定計算は、式［1］によって行う。

$$Fs=\frac{\sum(N-U)\cdot\tan\phi'+c'\sum L}{\sum T}\quad\cdots[1]$$

N：各スライス（分割片）に作用する単位幅当たりのすべり面または円弧の法線方向分力（kN/m）
T：各スライスに作用する単位幅当たりのすべり面または円弧の接線方向分力（kN/m）
U：各スライスに作用する単位幅当たりの間隙水圧（kN/m）
L：各スライスのすべり面または円弧の長さ（m）
ϕ'：すべり面または円弧の内部摩擦角（°）
c'：すべり面または円弧の粘着力（kN/m²）

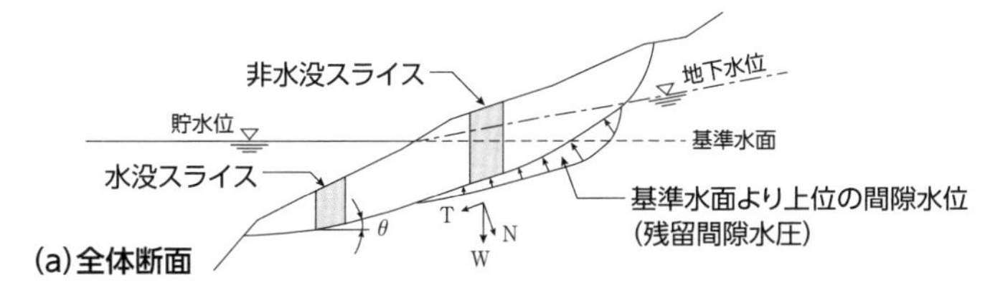

(a)全体断面

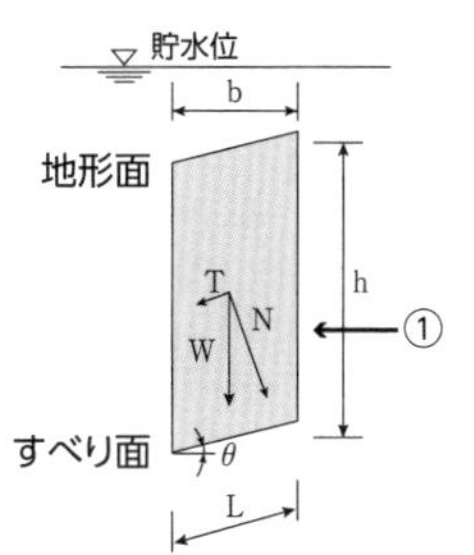

$N=W\cdot\cos\theta$
$=(\gamma_t-\gamma_w)\cdot h\cdot b\cdot\cos\theta$
$U=0$
$T=W\cdot\sin\theta$
$=(\gamma_t-\gamma_w)\cdot h\cdot b\cdot\sin\theta$

(b)水没スライス

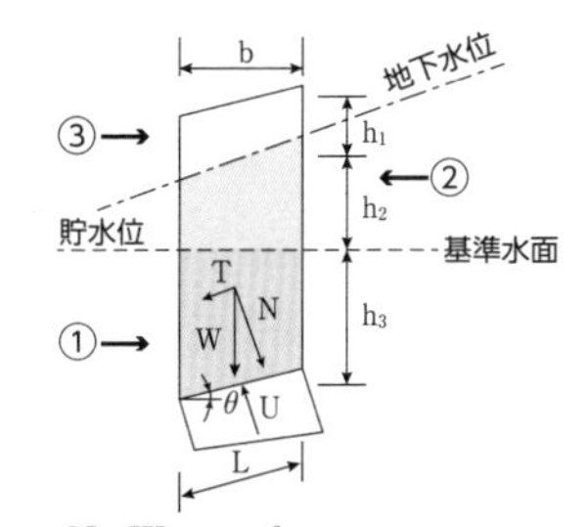

$N=W\cdot\cos\theta$
$=\{\gamma_t\cdot(h_1+h_2)\cdot b+(\gamma_t-\gamma_w)\cdot h_3\cdot b\}\cdot\cos\theta$
$U=\gamma_w\cdot h_2\cdot b\cos\theta$
$0=W\cdot\sin\theta$
$=\{\gamma_t\cdot(h_1+h_2)\cdot b+(\gamma_t-\gamma_w)\cdot h_3\cdot b\}\cdot\sin\theta$

(c)非水没スライス

γ_w：水の単位体積重量
γ_t：土塊の重量（地下水位以上は湿潤単位体積重量、地下水位以下は飽和単位体積重量）
b：スライスの幅
U：基準水面より上の間隙水圧

図-3.13　湛水斜面の安定計算（基準水面法）の考え方[9)]

3-10 トップリング崩壊の簡易的な安定計算は不連続面のせん断抵抗法で

トップリング破壊（転倒崩壊）は、岩盤の層理・節理・片理・断層面などの不連続面の走向が斜面と概ね同一方向で、その傾斜が受け盤方向に急角度に発達している現場で発生することが多い。**写真-3.5**は、結晶片岩の切り土法面で発生した例である。

この安定計算は、独立したブロック（岩塊）ごとの転倒解析法で行われることもあるが、モデル化が困難なことが多いため、一般にはトップリングを起こしそうな深さまでを地すべりブロックに見立てる。その後、3-8項で述べたような計算法を適用することが多いが、過大設計となりやすい。ここでは簡便な手法として、不連続面のせん断抵抗法[10)]を紹介する。

図-3.14の**(a)**に示すように、勾配βの斜面に対し、受け盤方向に角度αの不連続面が多数発達した現場を考える。この不連続面方向の摩擦角をϕとし、この面のせん断破壊を考える。

斜面上方（右上）から斜面に平行方向にかかる応力をPとすると、不連続面に直角にかかる垂直応力Nと不連続面に作用するせん断力Tは、以下のようになる。

$N = P \times \cos(\beta - 90^\circ + \alpha)$、$T = P \times \sin(\beta - 90^\circ + \alpha)$

※不連続面の傾斜角；α、斜面の傾斜角；β

写真-3.5　トップリング発生状況

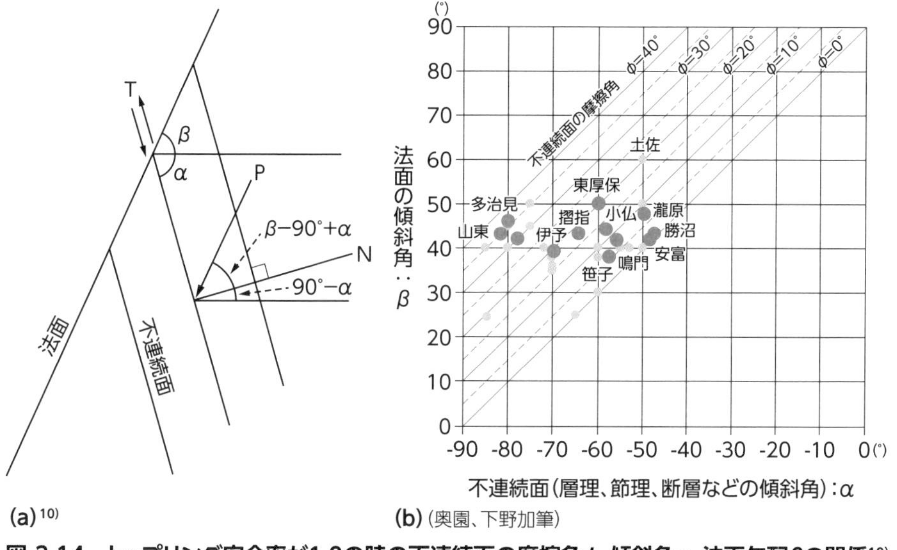

(a)[10]　(b)（奥園、下野加筆）

図-3.14　トップリング安全率が1.0の時の不連続面の摩擦角φ、傾斜角α、法面勾配βの関係[10]

不連続面のせん断強さは、粘着力cを考慮せずφで代表させるとすると、不連続面の安全率Fsは、次式で示される。

$Fs = N \times \tan\phi / T$

$= P \times \cos(\beta - 90^\circ + \alpha) \times \tan\phi / \{P \times \sin(\beta - 90^\circ + \alpha)\}$ …［1］

従って、［1］を移行変換すると、

$Fs = \tan\phi / \tan(\beta - 90^\circ + \alpha)$ …［2］　となる。

結局、安全率は「α、β、φ」で決まることになる。安全率（Fs）1.0以上を確保するための条件は、$(\beta - 90^\circ + \alpha) \geqq \phi$…［3］　ということになる。

いま、トップリングを起こし、その動きが小康状態の現場があり、その安全率をFs＝1.0　とすると、［3］式は　$\phi = \beta - 90^\circ + \alpha$　となり、不連続面の摩擦角φを逆算することができる。このφを用いれば、［1］式を用いて、次の対策（切り直し）の安定に必要な安全率に応じた斜面（法面）勾配βを求めることができる。

図-3.14 (b)は、［3］式のφをパラメータとしてα、βの関係をグラフ化したものである。同図のプロットは、高速道路で起こったトップリングおよび上野[10]のデータを引用した。図から、トップリングは不連続面が急傾斜（αが50°以上）ならば、法勾配βが緩傾斜でも発生していることが分かる。

3-11 盛り土の耐震補強の優先順位は「傾斜地盤地形・高さ・湧水状況・強度」

軟弱地盤や液状化しやすい砂地盤上の盛り土に耐震上の問題が多いことは、常識と言える。しかし、それ以外の傾斜地盤上の盛り土や谷中の盛り土が地震時に崩壊しやすいことは、意外に見逃されている。むしろ、こちらのほうが豪雨時の災害にも直結し、人命に関わる災害となることが多い。

2004年に発生した新潟県中越地震や2007年に発生した新潟県中越沖地震では、他の構造物に比べて盛り土の被害が顕著であった。また、2009年に静岡県の駿河湾沖で発生した地震では、東名高速道路の牧之原サービスエリア付近で、脆弱岩を盛り土材料に用いた盛り土が大きく被災した。さらに、2011年の東日本大震災では、地震規模の大きさもあって、高速道路の盛り土部が広範囲にわたって多数、被災した。

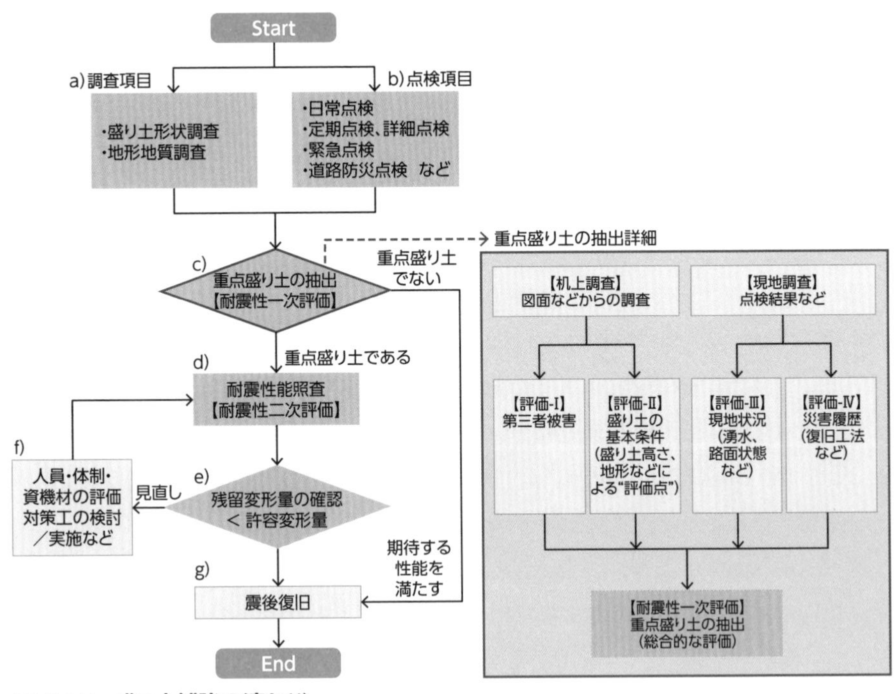

図-3.15　盛り土補強の流れ[11)]

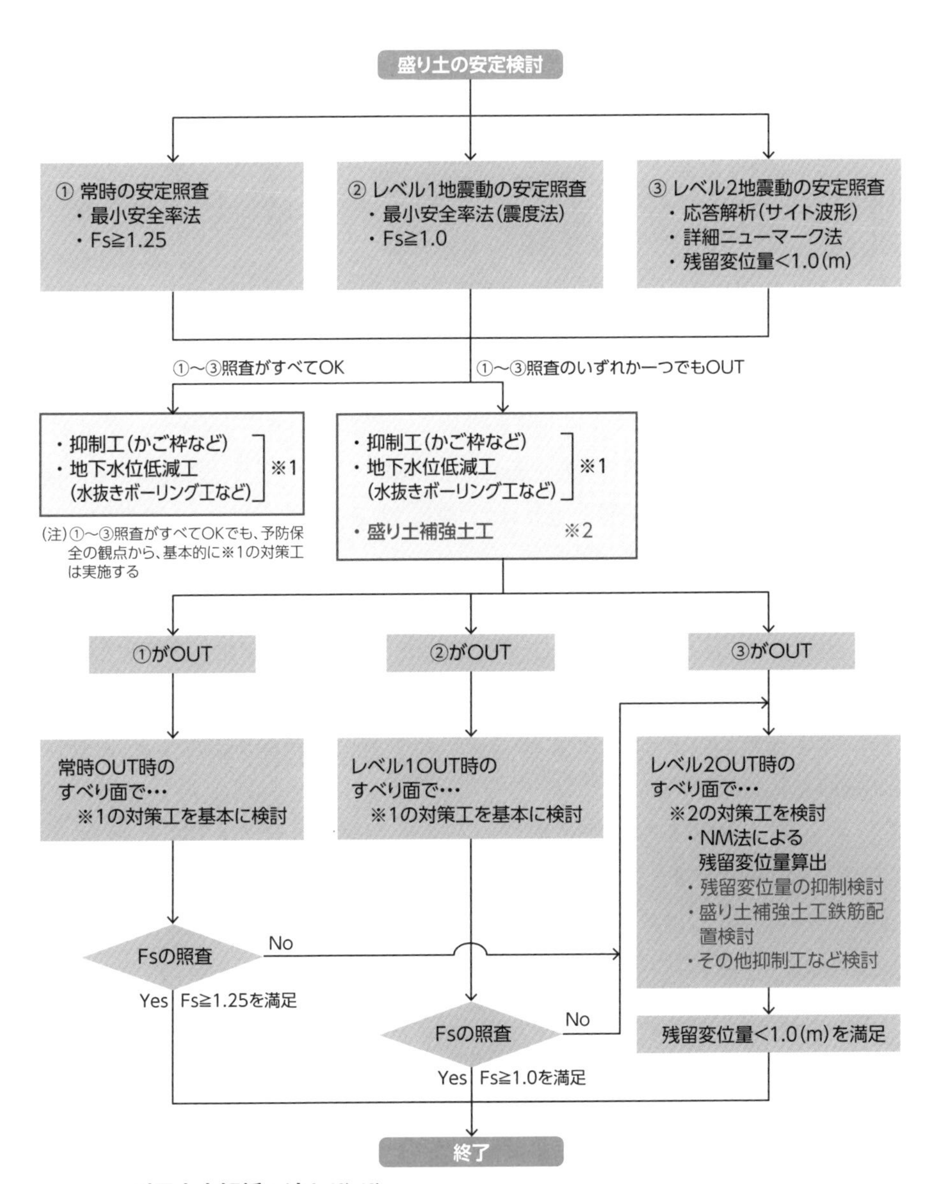

図-3.16 耐震安定解析の流れ[12),13)]

このような背景のなかNEXCOは、国土交通省が設置した「高速道路のあり方検討有識者委員会」から「東日本大震災を踏まえた緊急提言」を受け、「より高い盛り土の耐震性が課題」であるとしている。これらとNEXCOの事業継続計画の必要性などがあいまって、既設盛り土においても地震時に早期の機能確保を目的とした「耐震性評価手法」を掲げ、予防保全的補修事業を行っている。

図-3.15は、NEXCOで実施している盛り土補強対策の流れである。このフローに準じた考えで重点盛り土を抽出して、盛り土の補強を行っている[11)]。

補強する盛り土の抽出は、机上でまず「地形条件（傾斜地盤や谷中盛り土）」「盛り土高10m以上」の条件を満たす法面を絞り込み、現地調査で「湧水状況、法面変状など」を確認したうえで、該当する法面のさらなる絞り込みを行う。この絞り込みは、2009年11月20日付で国土交通省道路局より発出された「盛り土法面の緊急点検について（国道有第164号）」という事務連絡に基づいている。この事務連絡では、上記の2条件に加え、「盛り土の材質条件（スレーキングしやすい岩質材料が用いられている可能性のある盛り土）」が加えられていたが、現在は、高盛り土で集水地形にある盛り土（2条件盛り土）すべてを対象としている。

NEXCO の耐震の検討は、**図-3.16**の手順で行うことを基本としている。①常時の安定照査（最小安全率法）、②レベル1の地震動に対する安定計算（最小安全率震度法）、③レベル2地震動に対する詳細ニューマーク法による変位量計算 ―― である。詳細ニューマーク法は、過去の代表的な地震（例えば阪神淡路大地震など）の波形を与え、その盛り土現場の残留変位量が基準値（例えば100cm）以上あれば、変位抑制工として盛り土補強土工を行うこととしており、補強材本数、ピッチや長さの検討へと移る[12)、13)]。

なお、①～③のすべての照査がOKであったとしても、抽出した盛り土が大規模に被災する可能性が否めないため、予防保全的措置を適宜、行うこととしている。

3-12 崩壊後の切り土法面は土砂を除去しても同じ勾配で切り直すと再崩壊しやすい

切り土法面が崩壊した場合、復旧の際は切り直すのが最も一般的である。この場合、単純に崩壊土砂を取り除くと、**図-3.17**のように、同じ素因を持つ法面を山側に追い込むだけという結果になる。すると、新しい法面を旧崩壊法面と同じ勾配で切り直すことになり、同図のa-2、b-2のように再度、同様の崩壊を繰り返すことが多い。特に流れ盤の場合、法面を奥に追い込んでも、安定な地山が出てくる保障はない。切り直し勾配は、旧法面の地質と地層構造を十分比較して決める必要がある。

なおこの場合、図のa-3、b-3のように部分的に急勾配化する部分ができる場合があり、その部分は排水を兼ねたふとんかごや鉄筋地山補強土工、井桁工といった、透水性の良い土留め工などで補強する必要がある。

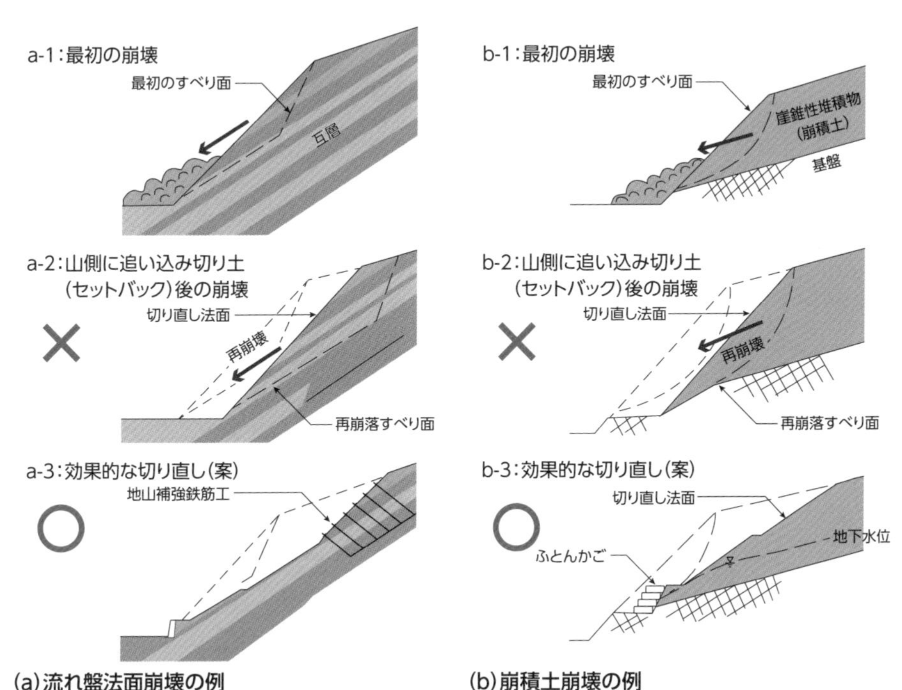

(a)流れ盤法面崩壊の例　(b)崩積土崩壊の例

図-3.17　崩壊切り土法面切り直し方法の良否

3-13 すべり末端の押さえ盛り土には十分な足付けが必要

押さえ盛り土の目的は、すべりの末端に重し（おもし、Counter Weight）をかけて、すべりに対する抵抗力（反力）を増加させることである。この場合、例えば**図-3.18**のような足付け（踏ん張り）のない中途半端な盛り土をしても、その効果は薄い。やはり、すべり面が上向きの領域（受働領域）の上か、しっかりした地盤の上に足付けして、突っ張りとなる構造が必要である。

すべりの末端（法尻）より下方も下り勾配が続く場合は反力が取りにくいが、このような場合でも**図-3.19**に示すように、押さえ盛り土底面を段切りして、できるだけ新鮮な安定地盤に盛り土基礎を足付けさせる必要がある。ただし、この末端段切り作業は危険を伴うことがあるので、そうした場合は無理な押さえ盛り土は避け、杭などによる抑止に切り替えるほうがよい。

また、すべり末端が軟弱な地盤の場合は反力が得にくいことから、**図-3.20**に示すように、「押さえ盛り土のための押さえ盛り土」が必要となる。つまり、幅の広い盛り土構造となる。

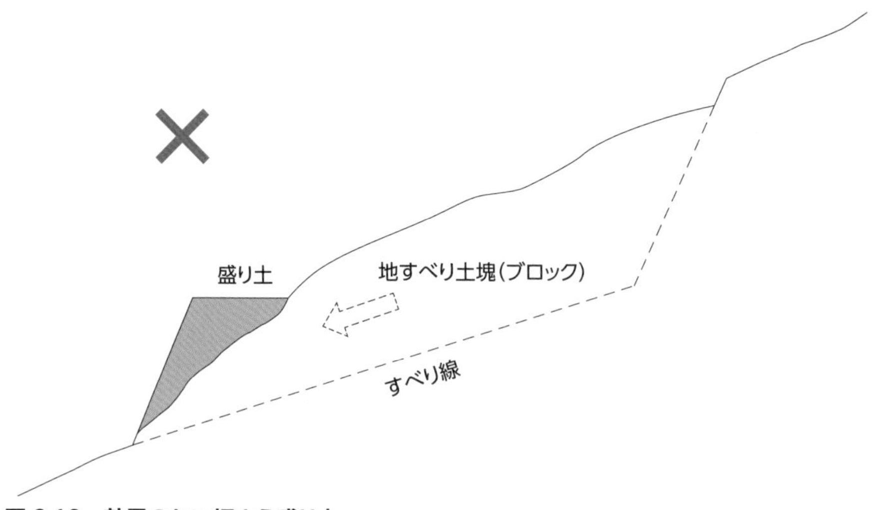

図-3.18　効果のない押さえ盛り土

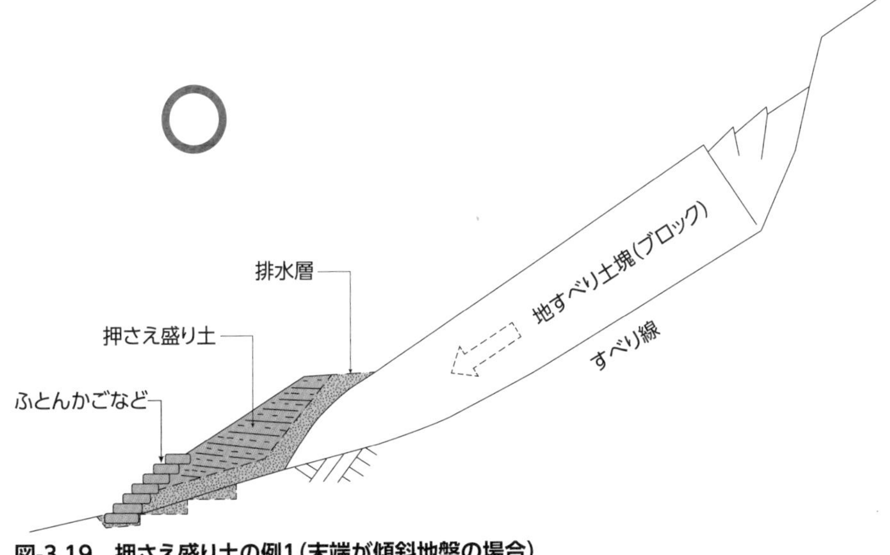

図-3.19　押さえ盛り土の例1(末端が傾斜地盤の場合)

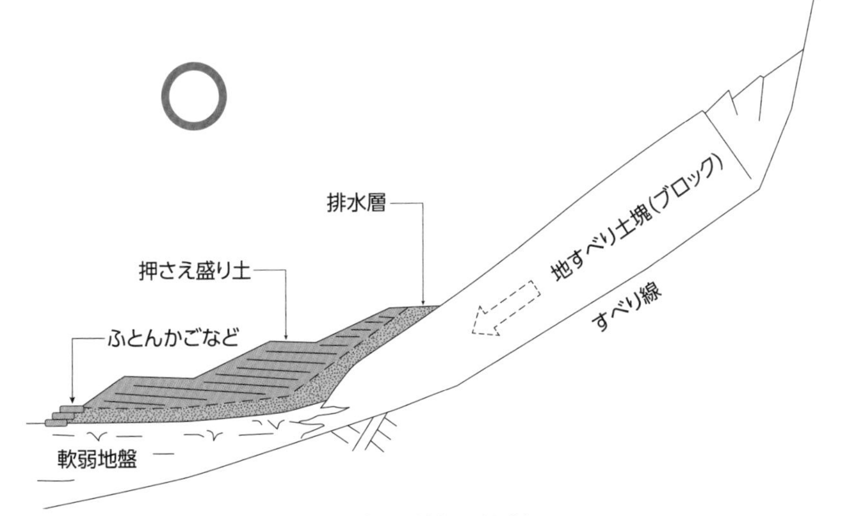

図-3.20　押さえ盛り土の例2(末端が軟弱地盤の場合)

3-14 「結果論」と言われても地形判読はやはり重要

1-2項で、「自然災害は地学が主役」ということを述べた。この書籍を手に取っている皆さんの多くは「工学」を専攻し、「理学（地学）」に対するアレルギーを持っている方もいるのではないか。しかし、斜面防災を預かる技術者や研究者は、これから逃れられない。斜面は地質的産物であり、その「理学（地学）」的項目に、多種多様に支配されているからである。地層は、自然の法則に従って地表近くで形成され、それぞれの地質的な過程を経て、現在われわれの目の前に姿を現している。堆積作用、圧密作用、変成作用、火成作用、断層運動、褶曲運動、隆起・沈降運動、地震活動、浸食作用、気候変化などの法則性と、それらが地質的産物に作用した歴史は、厳然として対象の中にその痕跡をとどめている[14)]。特に、断層運動、褶曲運動、隆起・沈降運動、

写真-3.6　切り土法面崩壊全景

図-3.21　写真-3.6の崩壊平面とリニアメント[15)]

写真-3.7　盛り土法面崩壊全景

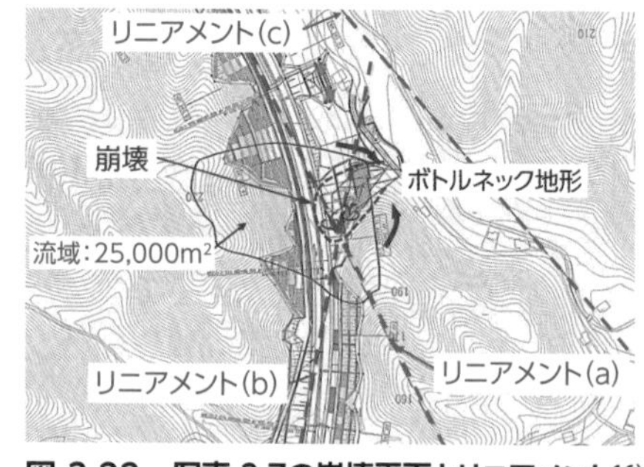

図-3.22　写真-3.7の崩壊平面とリニアメント[16)]

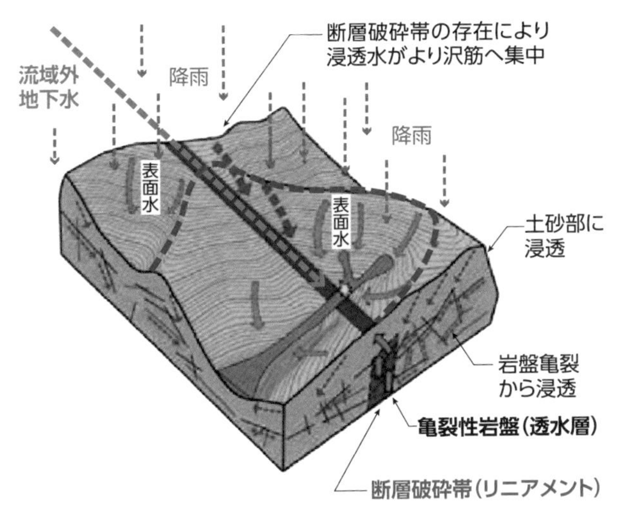

①破砕帯の存在により、大量の地盤浸透水が、破砕帯中の亀裂性岩盤を通って沢筋に集水

②亀裂性岩盤部で水圧の上昇とともに噴出

③上層堆積物を巻き込み土石流発生

図-3.23　流域外地下水流入の概念図[16)]

浸食作用などは、地表面にその痕跡を残している。

地すべりや崩壊の地形形状が、安定度の判定や対策工の基本方針を検討する場合は重要な要素であることはもちろん、沢（谷）の発達具合を見ることで、地盤の透水性もある程度判断できるなど、地形判読は重要であると考えられる。地形判読は災害発生後、「技術屋の後出し」と揶揄されることもあるが、その重要性について、「リニアメント」の判読を例に説明したい。

写真-3.6と**図-3.21**は、切り土法面大崩壊の全景写真と崩壊平面図にリニアメントを加筆したものである[15)]。また、**写真-3.7**と**図-3.22**は、盛り土法面大崩壊の全景写真と崩壊平面図にリニアメントを加筆したものである[16)]。写真の方向と図の向きが違うところはご容赦いただきたい。

現地詳細調査の結果、リニアメントはいずれも脆弱な破砕帯であり、周辺地下水が流入してくる透水層であった。特に、**写真-3.7**、**図-3.22**の場合は、リニアメント（a）と（b）が交差している部分から、流域外からの地下水が噴出していた。

このように、大規模な「法面崩壊、地すべり崩壊」後に改めて地形判読を行うと、断層破砕帯を疑わせるリニアメントが抽出されることが多い[17]。平成21（2009）年7月中国・九州北部豪雨や平成26（2014）年8月広島豪雨の土石流災害現場でも、同様のことが指摘されている。**図-3.23**は、流域外からの地下水流入概念図である[18]。

中田らは、土石流災害箇所および危険箇所について踏査を行い、断層の存在が確認された渓流で地下水位計測を実施して、断層の上・下流における地下水位の変動挙動について考察を行っている。その結果が**図-3.24**である。上流側は降雨に敏感に反応して地下水位が下降するが、下流側は下降反応が遅く、極めて緩やかに下降することを証明し、流域外からの地下水流入の可能性を示した[19]。

断層破砕帯を疑わせるリニアメントの抽出一つをとっても、地形判読が斜面防災を預かる技術者、研究者にとって重要であることが分かっていただけると思う。

なお、地形判読は機械的・定量的にできないため、ある程度のベテラン技術者が複数人で行うことが望ましい。決して一人の思い込みで確定しないことが大切である。

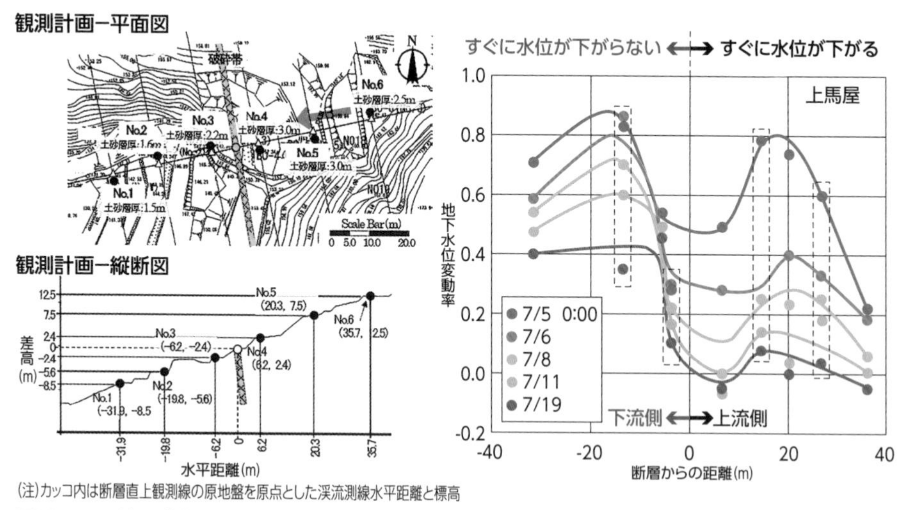

(注)カッコ内は断層直上観測線の原地盤を原点とした渓流測線水平距離と標高

図-3.24　地下水観測箇所の平面・縦断図および地下水位計測結果[19]

第3章 参考文献

1) 阿部大志、高見智之、川村晃寛、林直宏:トンネル坑口上方のまさ土斜面の崩壊による土砂流動災害の事例、(社)日本応用地質学会、応用地質、第49巻、No.6、pp.331-337、2009.
2) 檜垣大助、林一成、濱崎英作、(公社)日本地すべり学会河川砂防技術研究開発実施チーム、蒲原潤一:日本地すべり学会による国土交通省河川砂防技術研究開発課題の実施ー地震による斜面変動発生危険地域評価手法の開発ー、(公社)日本地すべり学会、日本地すべり学会誌、第52巻、No.2、pp.85-92、2015.
3) 奥園誠之、羽根田汎美、岩竹喜久磨:地震による斜面崩壊の実態(土構造物の耐震設計<小特集>)、(公社)地盤工学会、土と基礎、第28巻、No.8、pp.45-51、1980.
4) 川瀬博、林康裕:兵庫県南部地震時の神戸市中央区での基盤波の逆算とそれに基づく強震動シミュレーション、日本建築学会構造系論文集、Vol.480、pp.67-76、1996.
5) 入倉孝次郎、岩田知孝、関口春子、釜江克宏:1995年兵庫県南部地震の強震動、大震災に学ぶ、阪神・淡路大震災調査研究委員会報告書、(公社)土木学会、関西支部編、No1、pp.116-144、1998.
6) 加納誠二、木村紋子、佐々木康、阿地崇弘、秦吉弥:2001年芸予地震時の尾根部の応答特性に関する検討、土と基礎、第51巻、No11、地盤工学会、pp.26-28、2003.
7) 上野将司:危ない地形・地質の見極め方、日経BP社、日経コンストラクション編、pp.66-70、2012.
8) 上野将司:地すべりの形状と規模を規制する地形・地質要因の検討、(公社)日本地すべり学会、日本地すべり学会誌、第38巻、第2号、pp.105-114、2001.
9) 国土交通省 水管理・国土保全局:貯水池周辺の地すべりなどに係る調査と対策に関する技術指針・同解説、p.4、2019.
10) 上野将司:トップリングタイプ斜面変動の調査と対策、応用地質技術年報、No.31、pp.25-41、2012.
11) 中村洋丈、横田聖哉、吉村雅宏:高速道路盛土の地震災害マネジメントにおける耐震性評価手法の構築、(公社)土木学会、土木学会論文集F4(建設マネジメント)、Vol.69、No.2、pp.156-175、2013.
12) 村上豊和、鈴木健太郎、川波敏博:高速道路の盛土内浸透水排除対策と盛土補強対策の検討について、(公社)土木学会、土木学会第72回年次学術講演会、VI-626、pp.1251-1252、2017.
13) 東・中・西日本高速道路株式会社:設計要領 保全編、盛土の耐震性評価の手引き、p.139、2010.
14) 大草重康:土木地質学と地盤工学の間、(独法)産業技術総合研究所 地質情報研究部、地球科学、No.44、Vol.1、pp.36-43、1990.
15) 山陽自動車道 災害調査検討委員会:平成17年度 山陽自動車道 災害調査検討委員会 報告書、(公財)高速道路技術センター、p.185、2006.
16) 山陰自動車道 松江市玉湯地区災害調査検討委員会:平成18年度 山陰自動車道 松江市玉湯地区災害調査検討委員会 報告書、西日本高速道路(株)中国支社、p.210、2007.
17) 下野宗彦:昨今の災害事例から見た道路斜面防災の在り方と留意点、(公社)地盤工学会論文集、地盤と建設、Vol.37、No1、pp.9-18、2019.
18) 中田幸男、中本昌希、村上豊和、下野宗彦:土石流危険渓流での地下水圧の現場計測、第50回地盤工学研究発表会、E-06、pp.848-849、2015.
19) 中田幸男、下野宗彦、中本昌希、村上豊和:断層と交差する土石流発生渓流内の地下水位計測、土木学会論文集C(地圏工学)、No.74、No.4、pp.513-523、2018.

第4章

法面保護工、補強土工、擁壁工、土石の捕捉工

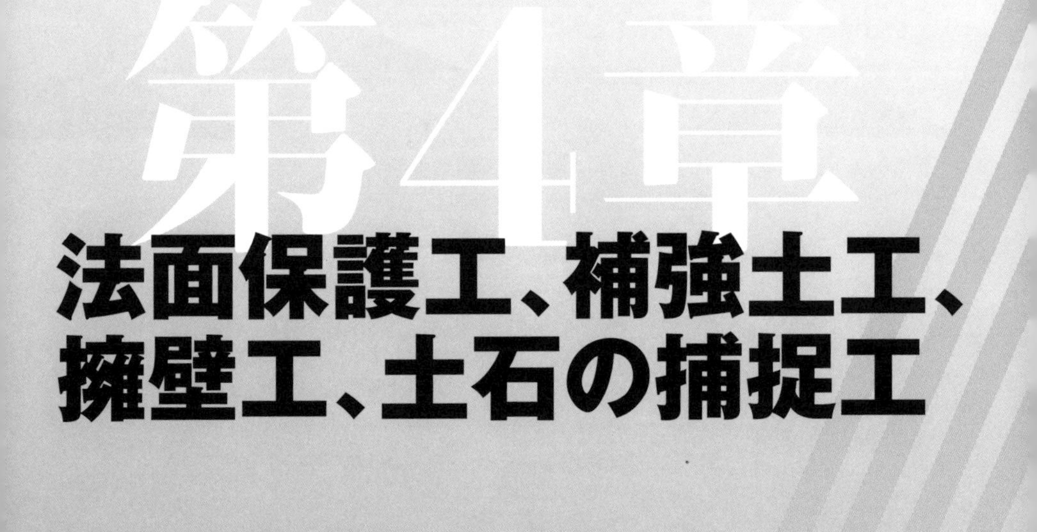

4-1 切り土法面の崩壊確率を半分にするには保護工に10倍以上の経費がかかる

切り土法面は通常の標準勾配で切り土し、何もなければ浸食防止程度の植生（草本）による保護工が採用される。しかし、それでは不安定と判断されれば、風化防止や小崩落抑止のために、コンクリート構造物などによる保護工が適用される。このようにして出来上がった法面が、その後どのようになったかを調べるために、東名高速道路（厚木～三ケ日間）で追跡調査を行ったことがある。

調査は建設から約10年経過した後の次の10年間に、実際に崩壊した法面の面積を計上し、それぞれ（植生法面・構造物法面別）を全法面（非崩壊数+崩壊数）の面積で除した値を崩壊確率として比較した。結果を**表-4.1**に示す。これを見ると、植生法面に比べて構造物による保護工の崩壊率は、切り土では半分に、盛り土では4分の1に減っていることが分かる。

では、その経費はいくらになるのであろうか。

法面保護工種の単価を比較したものを**表-4.2**に示す。

これは、種散布工を基準額とした場合の「各法面保護工種」ごとの単価比較である（種散布工の基準額を1.0とした場合の比率で表示している）。例えば、植生工の代表格である「種吹き付け工A」（2.8）に対して、構造物による保護工の代表格として「コン

表-4.1　法面保護工種別の破壊確率

保護工種		崩壊率
切り土	植生工のみによる保護工	1カ所/3.35×10^4 (m^2)
	構造物による保護工	1カ所/6.86×10^4 (m^2)
盛り土	植生工のみによる保護工	1カ所/13.0×10^4 (m^2)
	構造物による保護工	1カ所/52.4×10^4 (m^2)

(注)破壊確率＝崩壊法面箇所数÷該当法面全面積

表-4.2　のり面保護工の分類と単価比率

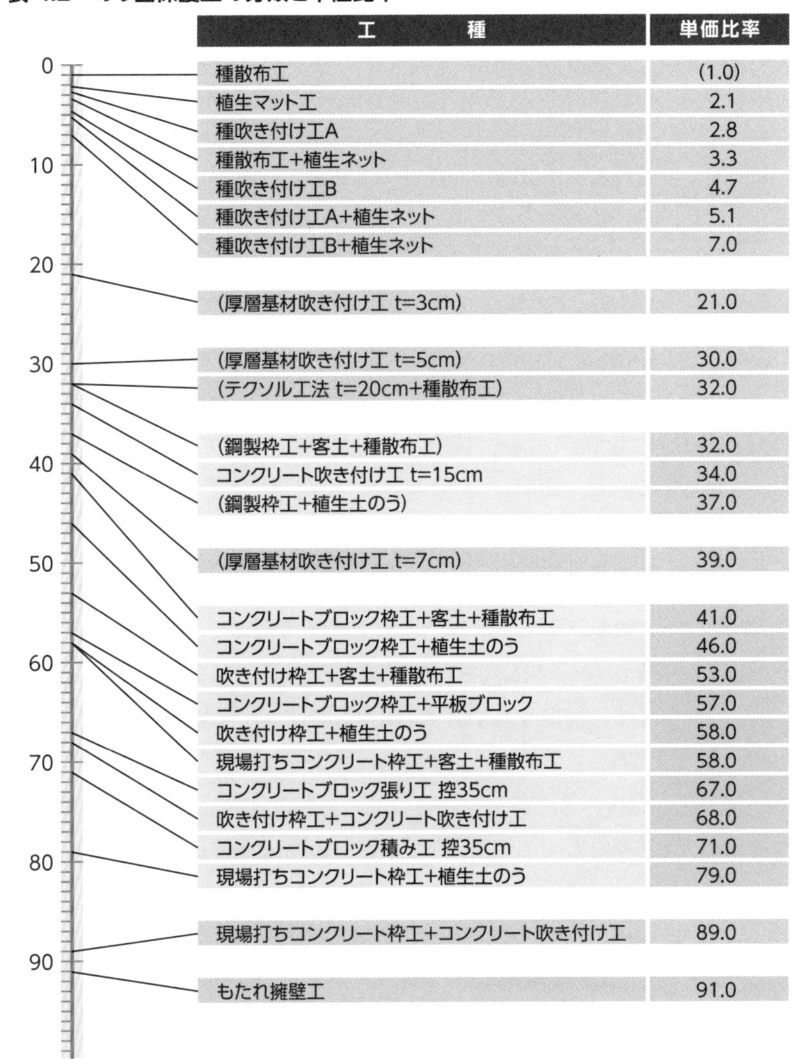

工　　種	単価比率
種散布工	(1.0)
植生マット工	2.1
種吹き付け工A	2.8
種散布工+植生ネット	3.3
種吹き付け工B	4.7
種吹き付け工A+植生ネット	5.1
種吹き付け工B+植生ネット	7.0
(厚層基材吹き付け工 t=3cm)	21.0
(厚層基材吹き付け工 t=5cm)	30.0
(テクソル工法 t=20cm+種散布工)	32.0
(鋼製枠工+客土+種散布工)	32.0
コンクリート吹き付け工 t=15cm	34.0
(鋼製枠工+植生土のう)	37.0
(厚層基材吹き付け工 t=7cm)	39.0
コンクリートブロック枠工+客土+種散布工	41.0
コンクリートブロック枠工+植生土のう	46.0
吹き付け枠工+客土+種散布工	53.0
コンクリートブロック枠工+平板ブロック	57.0
吹き付け枠工+植生土のう	58.0
現場打ちコンクリート枠工+客土+種散布工	58.0
コンクリートブロック張り工 控35cm	67.0
吹き付け枠工+コンクリート吹き付け工	68.0
コンクリートブロック積み工 控35cm	71.0
現場打ちコンクリート枠工+植生土のう	79.0
現場打ちコンクリート枠工+コンクリート吹き付け工	89.0
もたれ擁壁工	91.0

(注)表中の　　で囲んだ工法は構造物による保護工

クリート吹き付け工」(34.0)を比較すると、後者は約12倍の経費がかかる。「吹き付け枠工＋植生土のう」(58.0)との比較では、約20倍のコスト高となる。

以上のことから、崩壊確率を半分に減らすには10倍から20倍の経費が必要で、安全確保のためにはいかにお金がかかるかということを認識しておく必要がある。

4-2
法面保護工の逆巻き施工 下方の先行掘削は2段までが限度

長大切り土法面での掘削は、上段の法面保護工が完成した後に下段掘削を行う、いわゆる逆巻(さかま)き工法が理想である。しかし工程上、下部掘削が先行しがちになることが多い。このような場合でも、先行切り土は小段2段分までとし、それ以上、掘削を先行することは避けたほうがよい。これは、法面保護工や排水工のコンクリートの養生・硬化が不十分なうちに下方を大きく掘り下げることになり、急激な土圧変化と地下水面動水勾配の傾きの増加から、一時的に最も不安定な状態となるためである。

写真-4.1は、花崗岩（硬岩）掘削部の崩落前の現場の状態である。この状況下で、どの位置が最も崩れやすいかを当てることは大変難しい。ただしこの段階では、上段に該当する法面保護工（コンクリ―ト吹き付け工）の施工済み法面からさらに2段下方の掘削が、先行されていることが分かる。

次に**写真-4.2**は、その後さらにもう1段切り下げた段階で起こった崩壊状況である。即ち、ほとんど無対策な法面を2段（高さ14m）残したまま、その下を掘削してしまったことになる。当現場は硬岩掘削現場であり、湧水もそれほど見られず、比較的安定した法面と判断され、工程の遅れを取り戻すために掘削を急いだものと思われる。しかし、硬岩の現場でも節理の多い岩盤斜面は、その節理の方向の組み合わせ次第では思わぬ崩壊が起こることがある。崩壊の予測困難な現場ほど、人身事故防止のためにも、先行掘削はほどほどにしたい。

写真-4.1　花崗岩（硬岩）掘削部崩壊前

写真-4.2　左の写真から1段掘削直後の崩壊

4-3

意外に早い切り土法面の自然回帰

切り土法面は、自然斜面を掘削した人工斜面である。従って、切り土直後は地山を剥ぎ取った状態の景観となる。その表面にたとえ植生による保護工をかぶせても、人工構造物としての印象は払拭できない。しかし、施工後は意外に早くそのイメージは薄れていくようである。

写真-4.3は、2-14項で紹介した大崩壊（**写真-2.6**）を起こした長大法面の復旧対策完成直後の景観である。風光明媚な静岡県南伊豆の国定公園の中で、コンクリートによる法面保護工が目立ち、当時は「環境破壊」とか「景観無視」といった謗（そし）りを受けた箇所である。

先般、施工約30年後に現地を訪れる機会があり、同一箇所を、ほぼ同じ方向から撮影することができた。結果を**写真-4.4**に示す。自然回帰には100年かかるなどと言われたが、植生は繁茂しており、少なくとも概（外）観では人工斜面というイメージは払拭されている。

たとえ構造物で覆われている法面でも、緑が生える余地をできる限り残せば、意外と早い時期（10年後）に自然回帰が期待できると言える。

写真-4.3　大崩壊斜面の復旧対策完了後（排土・押さえ盛り土工）の状況

写真-4.4　左の写真の法面の30年後（2013年）の状況

4-4 吹き付けによる植生切り土法面は緑で覆われていても表層剥離の恐れあり

植生による法面保護工は、土壌が浸食されるのを防止するために、まずは草木によって、法面が完全に被覆されることを目標に施工される。しかし、近年は掘削の機械化によって、法面がきれいに平滑化され、さらに厚層基材吹き付け（岩盤緑化工とも呼ぶ）によって層状（法面に平行）に仕上げられるため、地山とのなじみが悪く、剥がれ落ちやすい。

写真-4.5は、きれいに緑化された法面が降雨時に、その緑の層と基盤材を含む吹き付け部分だけが剥がれ落ちた事例である。このような現象は、花崗岩を基盤とした硬度が高く保水性と保肥力に乏しい風化土砂（マサ土）部でよく見られ、中国地方のマサ土分布域では顕著である。従って、マサ土は雨水などによる浸食を受けやすいため、法面の植生に関しては扱いにくい土質であると言える[1]。

写真-4.5　植生法面工の表層剥離

これらの剥落を防ぐために、上からネットを張り、アンカーピン（差し筋）で押さえる手法が採られている。なお、鉄製のアンカーピンの場合は熱伝導率が高いため、寒冷地では外気の冷温を周辺の土の凍上深よりもさらに深い位置に伝えて、凍上領域（深）をさらに深い位置に追い込む可能性があるため、さらに長めの差し筋（鉄筋など）を用意しておく必要がある。

4-5 コンクリート吹き付け工による風化抑制効果は意外に大きい

平成以降、環境問題重視の観点から、コンクリート吹き付けによる法面保護工が厳しい評価を受けている。確かに開発時に緑豊かな自然斜面を切り開き、人工的な灰白色の斜面が忽然と姿を現せば、誰しもが違和感を持つものである。そのため、コンクリートを用いずに、岩盤すら緑化するという努力もなされてきた。ただしこれらの技術は景観のための「緑化工」であって、法面安定を目的とした「法面保護工」ではないことを念頭に置いておく必要がある。

切り土法面保護工の最大の目的は、もともと持っていた地山の強度をいつまでも保存することにある。つまり、風化抑制効果である。

高速道路総合技術研究所（旧日本道路公団試験所）では、高速道路の切り土法面において、長期間風化の進行を追跡調査している。ここでは、風化の進行を弾性波で表現している。**図-4.1**に、計測方法と風化帯の進行状況の概念を示す。

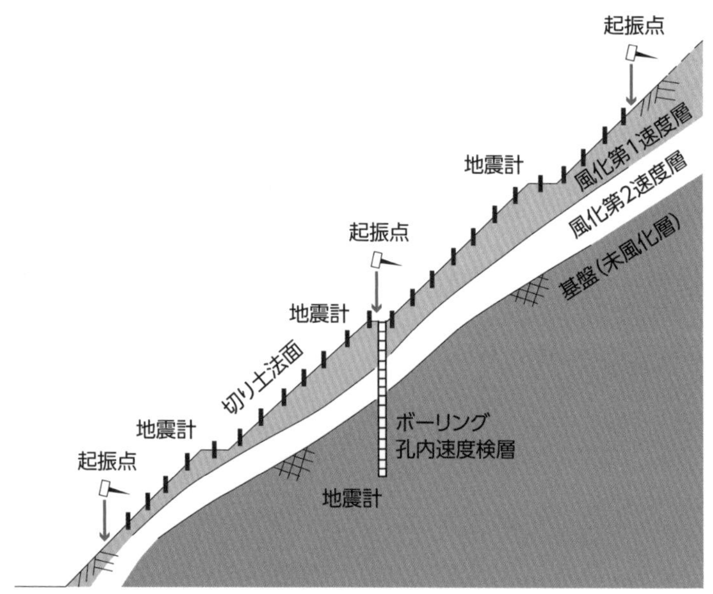

図-4.1　弾性波探査による切り土法面風化進行度の調査手法の概念

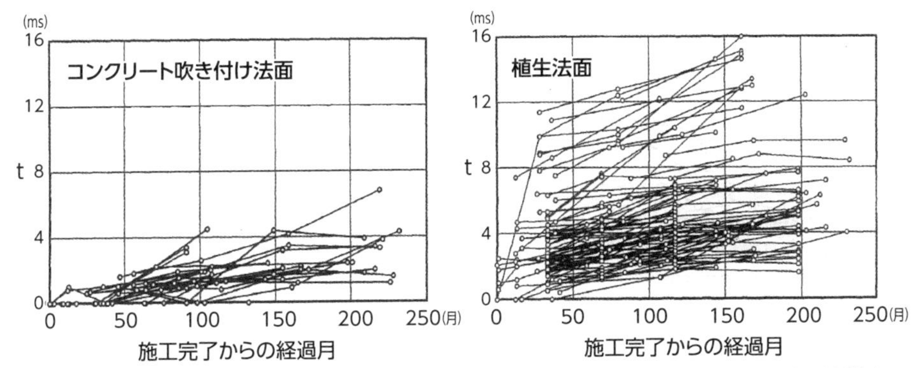

図-4.2　弾性波探査を用いた切り土法面の風化の進行追跡調査による保護工の効果比較[2)]

これは、法面表層から進行していく風化領域を弾性波（主としてP波）の低速度層で代表させ、その厚さをその地点の伝播速度で除したものである。即ち、風化層を弾性波が横断するのに要する時間（風化帯走時）をもって、風化の進行度合の指標としている。

図-4.2は、このようにして求めた風化帯走時と切り土後の経過年数の関係を示すものである。ばらつきは否めないが、概ね時間の経過とともに確実に風化が進行していることが分かる。

図-4.2の左図は、コンクリート構造物に覆われた密閉型の法面であり、**図-4.2**の右図は、植生に覆われた開放型法面である。どちらの法面でも、地盤条件によって風化帯走時自体のP波伝搬速度には大きなばらつきがあるが、時間経過による増加の伸び率には両者で大きな差があることが分かる。特に、コンクリート吹き付けなどの保護工が施工された法面では、植生法面工が施工された法面と比較して、圧倒的に風化帯走時の進行が遅いことが分かる。

適用する地盤条件の差があったのかもしれないが、コンクリート吹き付け工で代表される密閉型法面保護工の風化抑制効果は、植生法面に比べて意外に大きいと考えられる[2)]。

4-6 老朽化した吹き付けの剥ぎ取り作業は下から剥ぐな！上から削除！

モルタルやコンクリート吹き付け工の老朽化には、コンクリート部の劣化以外にも、**図-4.3**のように**(a)**地山表層の風化による吹き付けの崩落、**(b)**吹き付けコンクリートと地山の密着性低下に伴う滑動、**(c)**地山の土圧による吹き付け面のはらみ——などの種類がある[3)、4)]。これらを補修・改良するには、従来は既存のコンクリートの削除（剥ぎ取り）から始めることが多かった。ところがそうした場合、作業中の安全管理（人身事故）の面でしばしば問題が起こっている。

厚生労働省労働安全衛生総合研究所（当時）の調査によると、斜面工事においては、擁壁掘削（床掘り時）とモルタル吹き付けの改良工事（吹き付け部の剥ぎ取り時）の際に、労働災害が最も発生している。なかでもモルタル吹き付けの剥ぎ取りの場合、下方からの剥ぎ取りによる事故が多いとされている[5)]。やはり、剥ぎ取りは上から順に降りていくという基本に従うべきである。

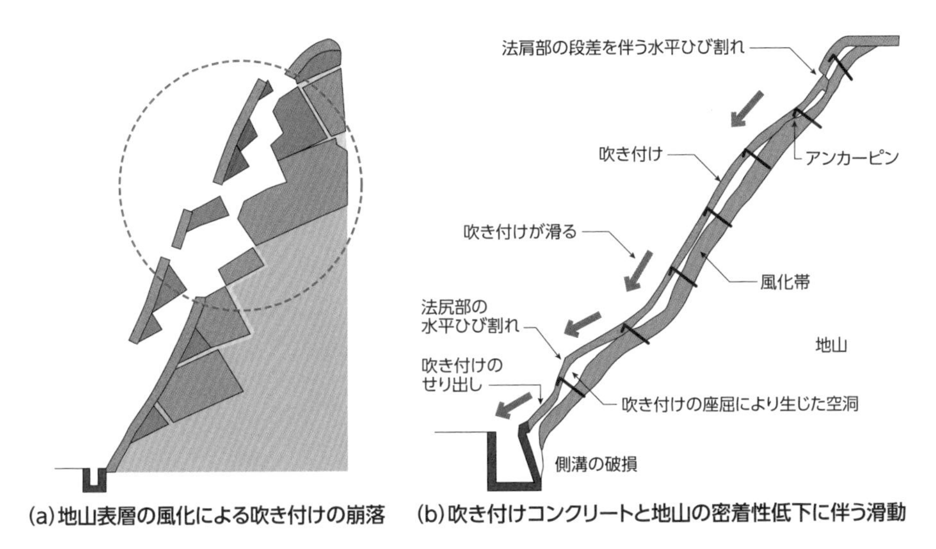

(a)地山表層の風化による吹き付けの崩落　(b)吹き付けコンクリートと地山の密着性低下に伴う滑動

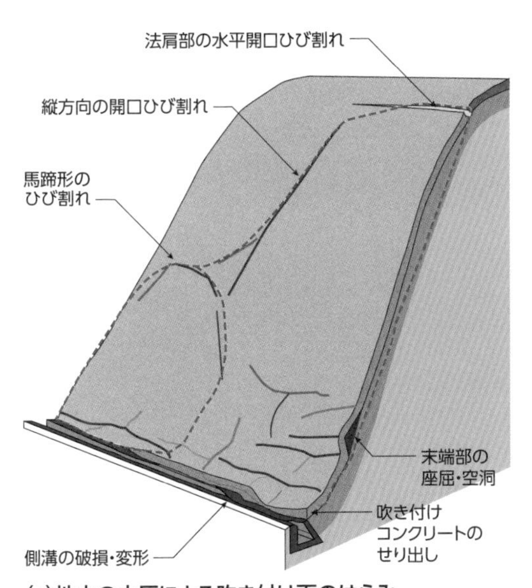

(c)地山の土圧による吹き付け面のはらみ

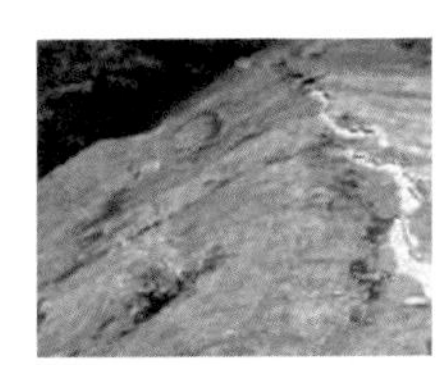

法肩部の水平ひび割れ

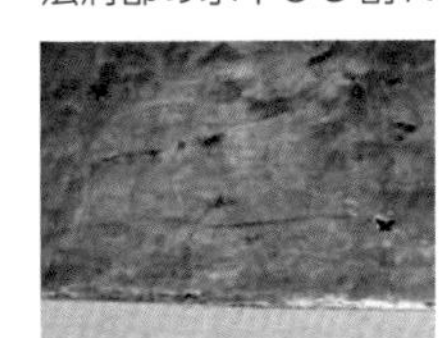

水平方向のひび割れ

末端部のせり出し

図-4.3　コンクリート吹き付けの変状の種類[3),4)]

4-7 老朽化コンクリート吹き付けの改良には繊維補強モルタルの増し吹きも効果的

モルタルやコンクリート吹き付け工の改良工事では、旧吹き付け部のはつり剥ぎ取り時の安全管理はもちろん、道路の場合は下部の交通車両などに対する安全確保も重要となる。さらに、剥ぎ取ったコンクリートなどは産業廃棄物になり、処分に多くの負担を強いられる。そこで近年、旧吹き付け面を残したまま、上から増し吹きをする試みがなされている。材料は**写真-4.6**に示す高分子化合物などのファイバーを混合したモルタルである。これを**図-4.4**に示すような多層構造の重ね吹きとし、重量が増した分のずれ止めを鉄筋（差し筋）で補強し、既存の裏側の空洞はエアモルタルで充填し、最後に水抜き穴をドリルで開ける工法である（**写真-4.7**参照）。

厚みが増して重くなるためずれ止めの管理が重要となるが、法勾配が50度（1:0.8）程度よりも緩ければ、新旧面が一体化し、もたれ擁壁的な効果も期待できると考える。

BCファイバー	

標準添加量（1m³当たり）	1.0vol％（9.1kg/m³）
素材	ポリプロピレン
繊維長	30mm
公称繊維径	0.7mm
引っ張り強度	607N/mm²以上

写真-4.6　繊維補強モルタル吹き付け材[6)]

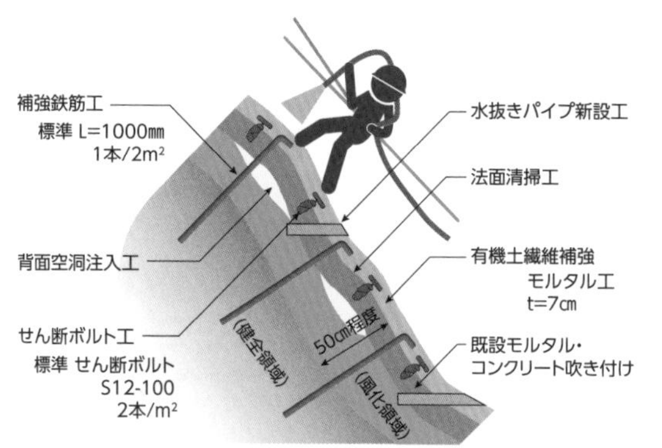

図-4.4　コンクリート吹き付け法面の補強例[6),7)]

写真-4.7　吹き付け施工状況[8)]

4-8 法枠アンカーピンの根入れ不足は枠のバックリング（座屈）の元

プレキャストのコンクリートブロック枠工も吹き付け枠工も、ずれ止めを主目的として交点に長さ500～1200mm程度のアンカーピン（鉄筋など）を挿入する。これは、地山の硬さと枠本体の重さによって決められている。

ただしこの場合、アンカーの引き抜きに対して検討されていないことも多く、凍上に対しての検討もあまりなされていないのが現状である。また、このような法枠の自重と地震力が、法面に平行方向に加わった場合、法枠中間では部材が持ち上がり、バックリング（座屈）が起こりやすくなる。

写真-4.8はプレキャストブロック枠工のバックリングで、**写真-4.9**は吹き付け枠工のバックリングの事例である。前者は交点からのアンカーピンの引き抜き耐力不足が原因であり、後者はアンカーと枠本体との連結不十分から起こったものと思われる。

いずれにしても、アンカーピンの引き抜き耐力の検討と、枠とアンカーの一体化の検討を怠ってはいけない。

写真-4.8　プレキャスト枠工の座屈破壊

写真-4.9　地震による吹き付け枠工の座屈

4-9 擁壁のコールドジョイントは崩壊時に分離破壊する

コンクリート擁壁やブロック積み擁壁などの施工は、計画高さと延長にもよるが、一度に立ち上げることが困難な場合が多い。これは、前者の場合は型枠の変形・破壊や温度変化によるひび割れの影響などを、後者の場合はブロックの積み過ぎによる「初期変形」などを、それぞれ防ぐためである。

従って、途中で時間をおいてから仕上げることになるが、その場合に問題となるのが施工継ぎ目である。即ち、コンクリート擁壁の場合はコンクリート本体に、ブロック積みの場合は裏込めや胴込めコンクリートに、いわゆるコールドジョイントが生じ、この不連続面から水が出入りしやすくなる。

写真-4.10は、擁壁中間部の不連続面から地下水が流出している状況である。この場合、不連続面の上下をつなぐ鉄筋も錆びている可能性がある。**写真-4.11**は、ブロック積み擁壁に現れた直線状の不連続線面である。この面に沿って水が出入りして植生の繁茂を促し、水平ラインができたものと推定される。

写真-4.12のように、いずれも崩壊する時には、不連続面が分離して、擁壁としての効果が半減してしまう。こうした現場が発見されたら、早急に以下に示すような対応が必要である。

写真-4.10　擁壁打ち継ぎ目からの地下水湧出

写真-4.11　ブロック積み擁壁の水平方向のひび割れ

写真-4.12　擁壁崩壊時の分離破壊状況（水平破壊）

①横孔を削孔し、裏側の水をこまめに抜く

②壁面前面に、不連続面を跨ぐように一定間隔に縦梁（H鋼など）を渡し、上下をボルトなどで連結固定する

4-10

意外に粘り強い鉄筋地山補強土工

鉄筋による地山補強土工法は、地山に引っ張り補強材（鉄筋）が入っているだけに、地震にも比較的強く、少々の変形に対しても粘り強さを発揮する。

写真-4.13は、同工法を施工した法面に亀裂が入ったが、崩壊せずにぎりぎりのところで生き残っている状況を示している。

また、**写真-4.14 (a)**は構造物掘削の壁面に入ったひび割れで、ここには鉄筋地山補強土工が打設されているが、崩落せずに頑張っている時点の状況である。**写真 (b)**は、それが我慢できずに崩落した瞬間の状況である。**(a)**と**(b)**の間はカメラを構える時間的な余裕があったわけで、作業員は十分に避難する時間があり、その意味で、鉄筋地山補強土工が人身事故防止に役立ったと考えてもよいのではないだろうか。

写真-4.13　鉄筋による地山補強土施工の切り土変状

(a)崩壊の直前

(b)崩壊の瞬間

写真-4.14　構造物掘削の施工状況

4-11 鉄筋による地山補強土工の削孔時間は深さの2乗に比例する

近年、ロックボルト工などに代表される鉄筋による地山補強土工が多用されるようになってきた。この工法は、材料手配や施工が容易であり、昭和50年代後半頃に高速道路において導入されて以降、旧道路公団や地盤工学会が要領基準を整備したこともあって、切り土法面の安定対策工として数多く採用されている[9]。

また、グラウンドアンカーが高価な割にメンテナンスの必要があるのに比べて、鉄筋による地山補強土工が比較的安価で簡便な抗土圧型工法として認知されてきたことにより、手軽に採用されるようになってきた。ただし、工費は削孔費（即ち削孔時間）に大きく支配される。

図-4.5は、第三紀泥岩法面において、深さと削孔に要した時間の関係を調べた試験施工の結果である。

同図を見ると、両者の関係は二次曲線、即ち深さ6mまでは概ね深さの2乗に比例するが、それ以上になるとばらつきが大きくなり、地山の硬さ次第では長時間を要することが分かる。この深さが地山補強土工の限界で、それより深い場合はボーリング削孔によるグラウンドアンカーに切り替えるのが無難だと思われる。

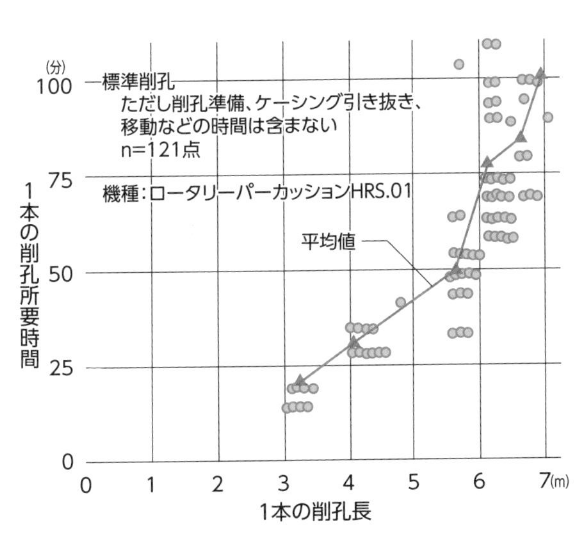

図-4.5　掘削長と削孔時間の実績

ただし、施工機械の高機能化によって、長尺補強材の採用も少しずつ増えてきている。その場合は、補強材が長くなるとその分、設計外力も大きくなるため、大きな軸力が発生しやすくなる。従って、それに見合った径の補強材を使う必要があることに留意すべきである[10]。

4-12 地山補強土工からの土砂の中抜け防止は柔構造のネットでも可能

鉄筋による地山補強土工は、受圧板（ベースプレート）の面積が狭いと、浅いすべりが起こっても、土砂が鉄筋の間から「中抜け」を起こすことがある。そのため、法面の表面を吹き付け工や枠工といったコンクリート構造物による保護工で覆うことが多い。この場合の中抜けの起こしやすさを評価する指標に、法面低減係数μがある。

これは、**図-4.6**に示す通り、頭部（受圧板直近）の鉄筋にかかる軸力（引っ張り力）T_0と、仮想すべり面付近の鉄筋にかかる最大軸力Tdとの比（パーセント表示）で求め

$T_0 = \mu \times T_d$

T_0：頭部の補強材にかかる引っ張り力（kN/本）

μ ：法面低減係数（$\mu = T_0 / Tmax$）

T_d：設計引っ張り力（設計外力）（kN/本）

図-4.6　法面低減係数μ

表-4.3　法面保護工と低減係数μの目安[11]（奥園改変）

法面保護工タイプ	μ	備考
植生工法面	0〜	ベースプレートの大きさにより増加
コンクリート吹き付け工	0.2〜0.6	
法枠工	0.7〜1.0	
擁壁類	1	連続した板タイプ法面工など

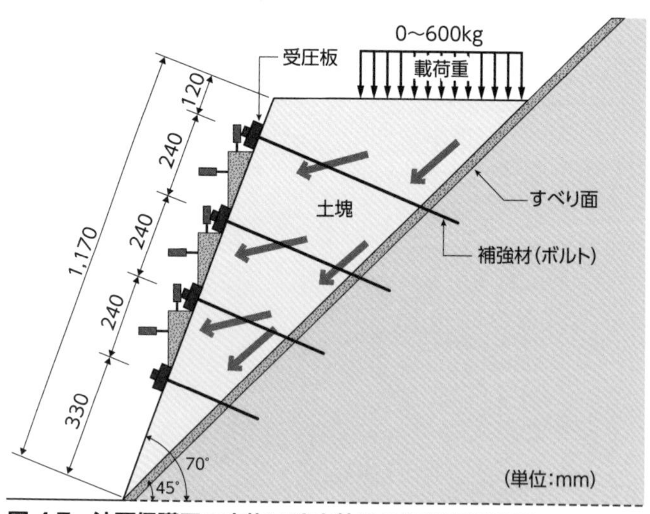

図-4.7　法面保護工の中抜け防止効果の比較実験概要

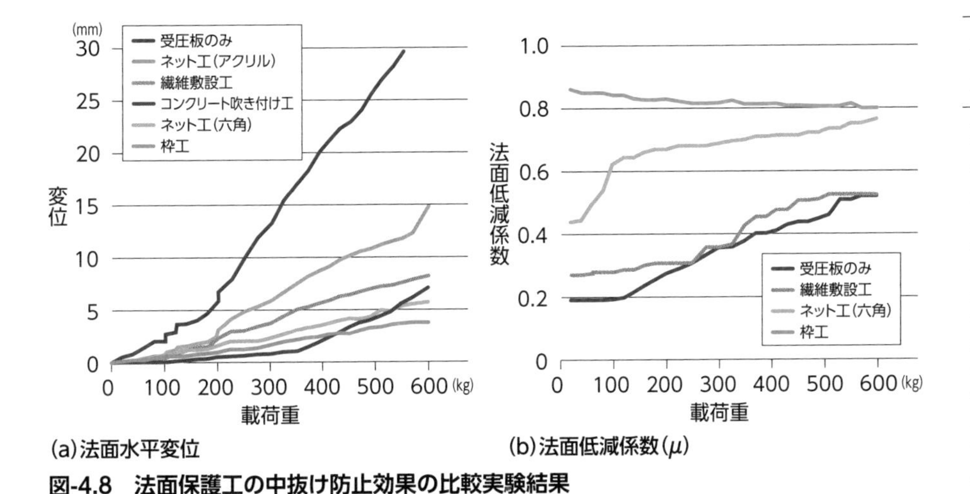

図-4.8　法面保護工の中抜け防止効果の比較実験結果

る。即ち、法表面を法面保護工で覆っていれば、すべり土塊は保護工に突き当たり、その力は最大となり、すべて受圧板を介して鉄筋頭部の軸力として伝わり、それは深部の定着部にもほぼ同じ値が伝わることになる。つまり、μは100%近くなる。**表-4.3**は、各法面工のタイプに伴う低減係数μの目安である[11)]。

一方、構造物がない場合は理論上、中抜けが起こりやすくなり、鉄筋頭部は土がすり抜けるため、軸力が小さくなって法面低減係数μも0に近づく。この場合、深部（すべり面境界）の鉄筋には途中の土との摩擦力が累積され、小さいながらもある程度の軸力は残ることになる。いずれにしても、法面低減係数μが大きいほど中抜けは起こりにくいことになる。

図-4.7は、筆者らが行った鉄筋補強土に関する室内模型（土槽）実験の概要図である。即ち、地すべりの試験体の上から荷重をかけて変形させ、その時鉄筋にかかる軸力を測定し、法面低減係数μを求めたものである。ここでは数種類のケース、つまり法枠や金網など数種類の「保護工（模型）あり」と「保護工なし（頭部受圧板のみ）」との比較を行った。結果を**図-4.8**に示す。

図-4.8 (a)は上載荷重と法面の水平変位との関係を示したもので、剛な構造の格子枠に比べて、ネットなどフレキシブルな材質の変位が大きいことが分かる。**(b)**は載荷重と法面低減係数μとの関係を示したものである。同図を見ると、剛構造の枠の場合、μは当初は高いが載荷変形とともに若干低下している。一方、柔構造のネットの場合、当初のμは低いが、荷重が増加して変形が進むにつれて増加し、枠に近づいていくことが分かる。即ち、ネットのようなフレキシブルな保護工でも、ある程度、変形が進んで張力が増せば、中抜けしにくくなることが読み取れる。

写真-4.15は、スイスで行った高強度金網を用いた実物大崩落実験の結果である。ここでも、ある程度の変形は進むものの、中抜けによる崩落はしないという結果が得られている。

写真-4.15　大型土槽における高強度ネットによる中抜け崩落実験(傾斜角70度)[12)]

4-13
寒冷地での除雪時の注意点 補強土壁の上方法面に雪を載せるな

積雪寒冷地では、補強土壁の上に雪が積もり、併せて壁面は外気温で冷やされる。なかでも昼夜の気温差が大きい地域では、昼の雪融け水が壁の裏面に浸透し、夜はそれが壁面から冷やされて凍結する恐れがある。**図-4.9**は、その凍上圧によって壁面が前倒し、変形した北陸地方の事例である。断熱対策として、壁面への「①発泡ウレタン吹き付け工法」と「②不織布貼り付け工法」の比較実験が行われた。

実験の結果、壁裏面深さ20cmでは、無処理に比べて①で+3.1℃、②で+2.4℃の保温効果が認められた。また、深さ70cmでは、①で+1.8℃、②で+0.9℃程度であった。当該地域の気温条件下では、この程度の保温効果で十分と判断された[13]。

いずれにしても道路の場合は、路面から除雪された雪を法肩の補強土壁直上に積み上げることは、融雪の影響はもちろん、雪荷重の影響もあるので避けるべきであろう。

さらに、路面から除雪された凍結防止剤（塩化カリウムなど）が混じった可能性のある雪を補強土壁本体の上部に積み上げることは、補強材である「ストリップ（帯鋼）」の錆を促進させる恐れもあるので避けたほうがよい。

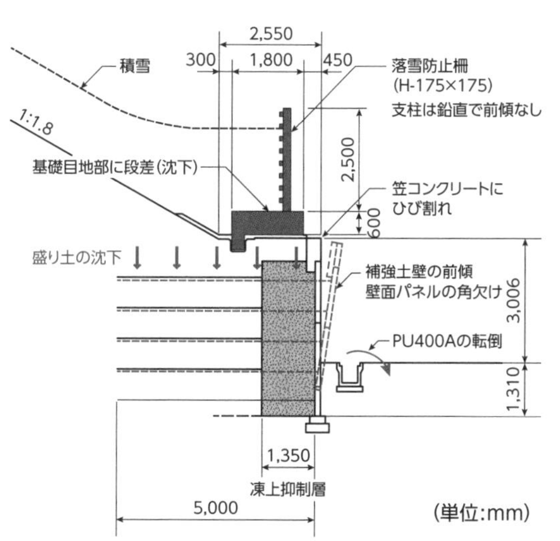

重力式擁壁と補強土壁の目地部

図-4.9　凍結と積雪（滞雪）による補強土壁の変状例[13]

4-14 特定少数の巨石は予防工で、不特定多数の転石は防護工で落石対策

落石対策は、「(1) 落石予防工」と「(2) 落石防護工」に大別される。(1) は発生源での対応であり、下まで落すと衝突エネルギーが約3000kJを超えるような巨大な転石など、つまり特定少数の岩塊が対象となる。予防工は除去工と転石・浮き石安定工に分けられる。(2) は落ちてくる石から道路などを守る対策で、約3000kJ以下の不特定多数の転石などを対象とするものである。

(1) 落石予防工

a) 転石・浮き石除去工

落石の恐れがある転石のすべてまたは一部を取り除く工法で、大規模に排土(除去)する場合と、巨石のみを小割り搬出する対策がある。

b) 転石・浮き石安定工

不安定な転石などを地山に固定して、安定させる工法である。転石をロープネットで包んで周辺をアンカーボルトで固定する、いわゆる「畚(もっこ)工法」のほか、

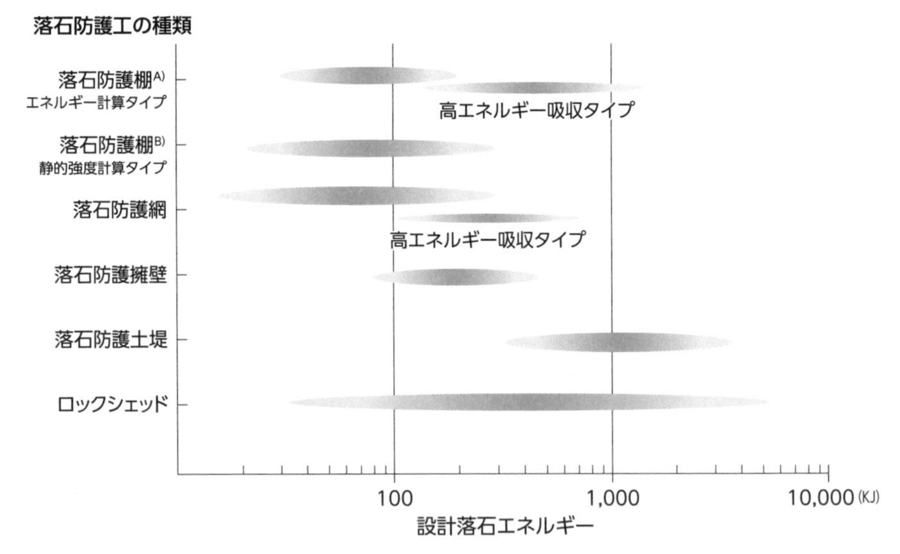

図-4.10　落石防護工の設計落石エネルギー別区分[14)]

転石などの基礎部をコンクリートで固める「根巻き（値固め）工法」、さらに浮き石を後ろの岩盤に接着剤で固定して安定化を図る「落石補強工法」などの種類がある。

いずれも、道路などの管理用地区域外斜面が対象になることが多く、保安林解除、用地取得、立木補償といった交渉が重要な課題となる。

(2) 落石防護工

図-4.10は、斜面上方から落下してきた岩塊を構造物によって力で受け止める、または減速させようとする工法、つまり落石防護工の一覧である。ここでは、対応可能な概略の衝突エネルギーを紹介している。

やはり、土堤（盛り土＝堤防）やロックシェッド（洞門工）が大きな設計エネルギーを示すが、近年は柔構造の高強度鋼線を用いた高エネルギー吸収タイプの防護柵や防護網が開発され、これらがそれに準ずる効果を発揮している。リングネットで代表される本工法は、4-15項で紹介する。

4-15 意外に強い柔構造 高強度金網によるリングネット柵

落石対策では、特定少数の大塊は事前に除去するか固定し、不特定多数の小さな落石（落ちてくる石）は柵で止めるというのが常識であった。従って、5tや10tもの落石を柵で止めるには、**写真-4.16**のような大規模な支柱（深礎杭）を立てるか、盛り土堤体で受けるか、ロックシェッドで受け流すかという、いずれも経費がかかるか、まとまった用地の確保が必要な方法であった。

写真-4.16　シャフト杭による落石の捕捉

写真-4.17　柔構造ネットによる落石の捕捉（In Switzerland-Beckenried）実験[16)]

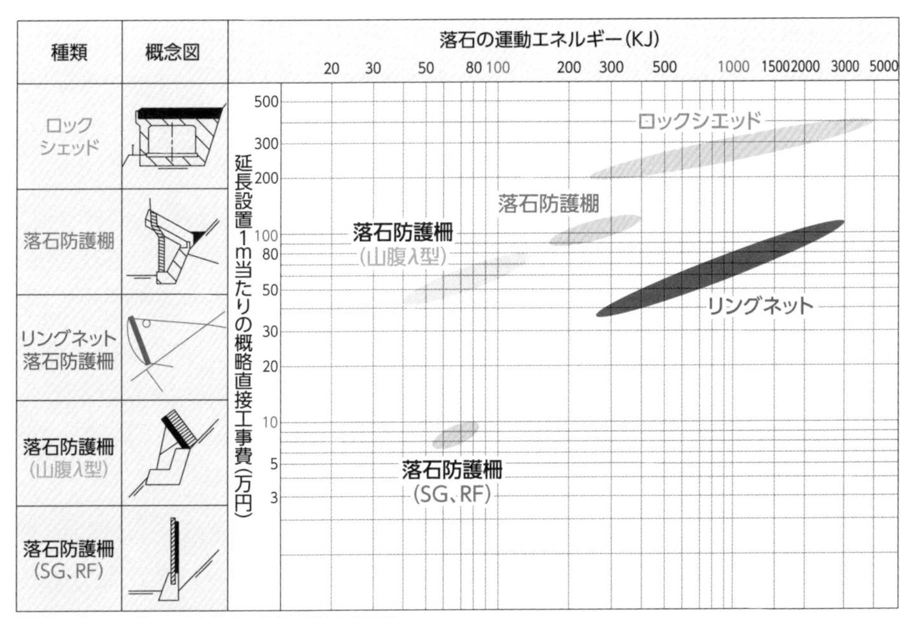

図-4.11　落石防護工の工種別適用範囲と直接経費の関係[14),15)]（落石対策便覧掲載図に加筆）

近年、引っ張りに強い金網（1000N/mm²以上）による柔構造の柵が開発され、1000kJ（5t≒50kNの石を鉛直に40m落とした時に下で受けるエネルギー）を大きく超える落石にも対応できるようになってきた[15)]。**写真-4.17**は、リングネットに落石が衝突する瞬間を捉えたものである[16)]。

図-4.11は、「柔構造研究会」が従来の防護柵などとの対応可能エネルギーおよび工費を比較したものである。ロックシェッドを含めて比較しても、費用対効果を考えれば、柔構造の高強度金網は優れた工法と言える。

4-16 柔構造のネットによる土砂の捕捉は動土圧(最大瞬間圧力)で設計

近年、斜面を落下してくる土砂をも柔構造の高強度の金網で捕捉する「強靭ネット」と呼ばれる工法が開発されている。これは搬入が比較的容易なため、特に0次谷や1次谷(渓流上方の谷頭)付近の斜面崩壊型のミニ土石流を捉えるのに有効と評価されている。**写真-4.18**は、実験で土砂(ミニ土石流)を捕捉した直後のものである。

落石は従来通り、その質量と衝突する瞬間の速度から求められるエネルギー(kJ)に対抗できるか否で設計するが、土砂の場合は衝突時に時間の幅(衝突の始めから終わりまでの時間差)があるため、エネルギーの算定が難しい。そのため実験では、ネットの手前に土圧計を設置し、最大動土圧を求め、それに対抗できる施設を実験からの経験的手法で求めている。ちなみに**写真-4.18**の実験では150kN/m^2の値が得られ、それを設計の目安としている。なお、部材の強度から算出された値によれば、200kN/m^2を超えても対抗できると言われている。

図-4.12は、柔構造ネットによる落石防護柵の構造図である。この構造は、①柵の支柱固定プレートを地盤に設置するためのアンカー(鋼棒)、②その水平力(土石衝撃力による蹴り上げ)抑止のための斜めのアンカー、③支柱頭部の倒れ防止(支柱は

写真-4.18　柔構造ネットによる土石の捕捉(In Switzerland)実験[16)]

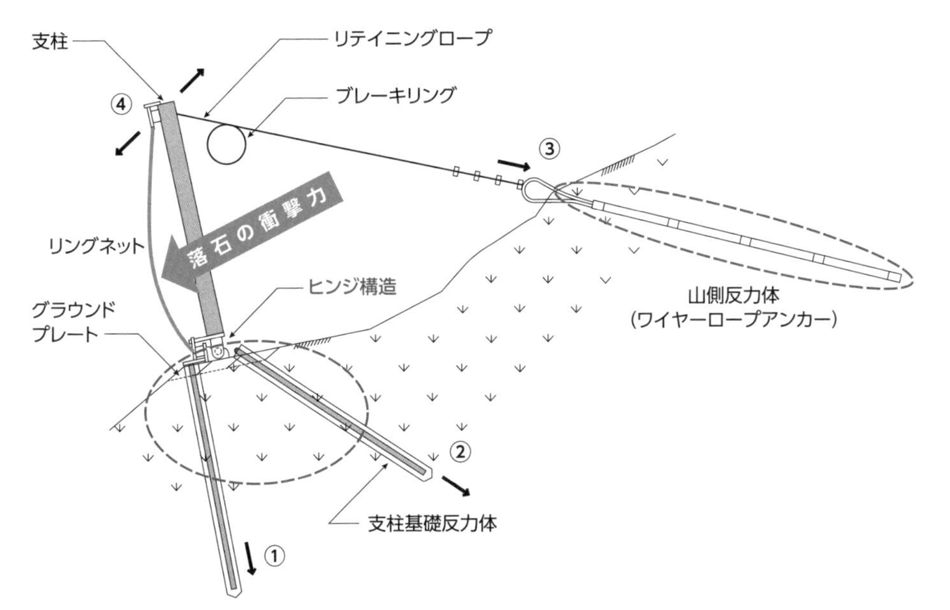

図-4.12　高強度金網(リングネット)多点支持概要図

ヒンジ構造）のための山側反力体としてのアンカー、④倒れ防止の助力としての柵縦断方向から引っ張るロープを固定するためのアンカー ―― などの多点支持（各パーツの役割分担）構造になっていて、いずれかのパーツが破損しても、周囲がカバーできるような仕組みとなっている。

第4章 参考文献

1)日本道路公団　広島建設局:広島型花崗岩(マサ土)における植生法面工検討書、広島建設局技術1課、pp.1-3、1985.

2)奥園誠之、切土のり面の調査・設計から施工まで編集委員会:切土のり面の調査・設計から施工まで、(公社)地盤工学会、地盤工学・実務シリーズ、No.5、pp.358-365、1998.

3)のり面診断補修補強研究会:吹付のり面診断・補修補強の手引き、のり面診断補修補強研究会、p.196、2017.

4)岩盤力学委員会、岩盤斜面研究小委員会:(公社)土木学会、法面診断補修補強研究会、pp.Ⅱ37-39、2020.

5)伊藤和也、豊澤康男、鈴木将文、末政直晃:法面保護工の維持補修時における斜面安定性に関する検討、労働安全衛生総合研究所特別研究報告、JNIOSH-SRR-NO.35、pp.59-71、2007.

6)岩盤力学委員会、岩盤斜面研究小委員会:(公社)土木学会、法面診断補修補強研究会、pp.Ⅱ43-44、2020.

7)窪塚大輔:老朽化吹付法面の再生技術—ニューレスプ工法の特長とその適用について—、平成25年度近畿地方整備局研究発表会 論文集、新技術・新工法部門、No.22、pp.1-5、2013.

8)窪塚大輔:老朽化したモルタル吹付のり面の診断・対策、(一社)広島県法面協会、平成30年度技術講習会資料、p.24、2018.

9)藤原優:切土補強法面の長期耐久性に関する検討、(公社)土木学会、土木学会論文集C(地圏工学)、Vol.68、No.4、pp.707-719、2012.

10)東・中・西日本高速道路株式会社:切土補強土工法設計・施工要領、p.37、2007.

11)東・中・西日本高速道路株式会社:切土補強土工法設計・施工要領、pp.49-50、2007.

12)石川芳治、梅沢広幸、澤田梨沙、奥田峻:高強度ネットを使用した斜面崩壊防止工の開発、(公社)砂防学会、平成29年度砂防学会研究発表会概要集、R2-07、pp.82-83、2017.

13)中日本高速道路(株)名古屋支社管内法面防災対策検討委員会:中日本高速道路(株)、平成24年度 名古屋支社管内法面防災対策検討委員会 報告書、pp.22-25、2013.

14)(公社)日本道路協会:落石対策便覧、日本道路協会、p.95、2000.

15)国立研究開発法人土木研究所　他:高エネルギー吸収型落石防護工等の性能照査手法に関する研究、共同研究報告書、p.232、2017.

16)田畑茂清:我国における柔構造物工法の導入から20年を経て、(一財)砂防・地すべり技術センター、sabo、Vol.121、pp.12-15、2017.

第5章
対策工、抑止工
（グラウンドアンカー工、杭工）

5-1 グラウンドアンカーの施工者は設計安全率の上にあぐらをかくな

グラウンドアンカーにはその設計段階において、かなり余裕を持った安全率が入っている。例えば、アンカー体定着部の引き抜き耐力には、2.5倍の安全率が見込まれている。これは、地山の強度のばらつきをカバーするためのものと考えられる。また、テンドンや頭部部材に対する安全率は、**図-5.1**に示す通りである。設計荷重は極限荷重（破断する荷重）の60%しか見込まない。つまり、安全率はその逆数の1.67（100%／60%）であることになる。降伏荷重（設計限界荷重）に対しても1.4倍の安全率を持っていることになる。なお、これらは材料の将来の劣化をある程度見越した安全率であって、施工の良否によるばらつきのための余裕量ではない。

近年、アンカーが各地で多用化されるに伴い、設計通りの品質に程遠い製品にお目にかかる機会が多くなってきたと感じるのは、筆者らだけではないだろう。

アンカーの安全率は、施工業者側の材料管理や施工品質の粗さをカバーするためのものでは決してない。発注者側の施工管理体制にも問題があるが、メーカーの品質管理および施工者の責任施工の徹底を促したい。最近のアンカーの施工不良事例を見るたびに、アンカー工法そのものの衰退を案じている次第である。

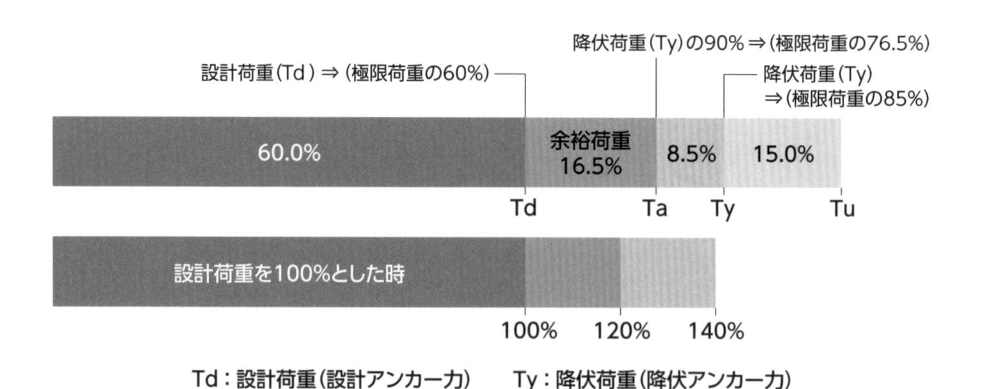

図-5.1　グラウンドアンカーの降伏荷重、極限荷重、設計荷重

5-2

アンカーには効率的な打設角度がある

図-5.2は、新東名高速道路におけるグラウンドアンカーの打ち直し事例である。

当該法面は掘削中に、図示したすべり面で変状が発生したため、①のように、すべり面にほぼ直角方向にアンカーを打設した。しかし、施工後も図中のグラフのように孔内傾斜計で地中変位が確認されたため、補強として②のような、すべり面に対して鋭角方向にアンカーを増し打ちして、地すべりの動きを停止させた。

図-5.3は、アンカーのすべり面に対する入射角（突っ込み角度）βと抑止効果に関する効率の関係を表したものである。縦軸はアンカーの効率を示す指標（抑止力：$I = \sin\beta \cdot \tan\phi + \cos\beta$）であるが、式の第1項は締め付け（押し付け）効果で、第2項は引きとめ（ぶら下がり）効果である。式からも分かる通り、互いに反比例するものである。従って、両方の合計で最大値となる角度（β）で施工するのが最も効率が良いことになる。この値は、すべり面への入射角βが、すべり面の摩擦角（せん断抵抗角）ϕに等しい場合に最大値となる。

実際の現場では、例えばすべり面が粘性土でϕが0に近い場合、アンカーがすべり

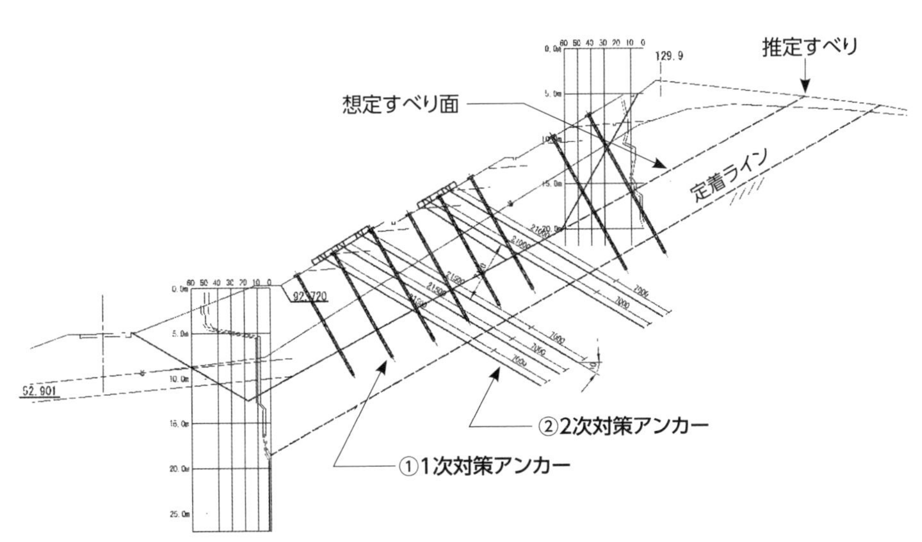

図-5.2　設計が原因によるアンカー再施工の事例

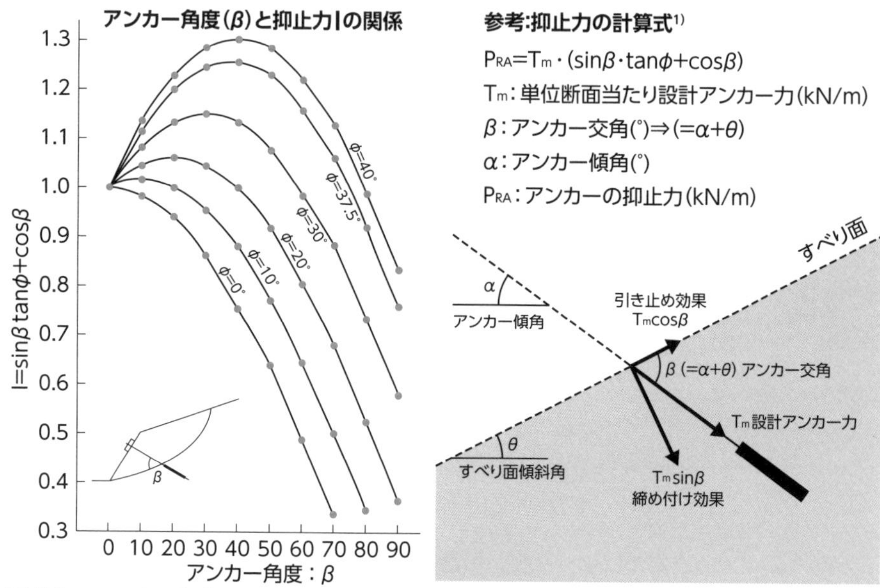

図-5.3　アンカー角度とアンカーによる抑止効果の関係[1)]

面を鋭角で突き抜けることが困難となり、そこは施工性と経済性（いたずらにアンカー長が長くならないよう）を考えて、折衷案で設計する必要がある。

5-3 抑止杭には方向性がないがアンカーには方向性がある

道路などにおける法面は、道路方向と平行に計画されるのが通常である。一方、地すべりや崩壊は元の地形や地山の地質構造に支配されるため、必ずしも法面の方向、つまり道路直角方向（法面断面方向）に発生するとは限らない。法面の向きと地すべりなどの向きが斜角（skew angle）の場合、そこに杭やアンカーを計画する際は、何らかの工夫が必要になってくる。

図-5.4は、地すべりと法面の方向関係が斜角となっている場合の概念図である。このような場合でも、円形の抑止杭（鋼管杭など）なら360度対応可能であり、道路平行方向に打つことは可能である。また、その設計も地すべり方向に投影して考えられるため、同じ数量で済むことになる。杭は千鳥（三角形）配置し、頭部連結すると抑止効果が高いという考え方がある[2)]。

しかし、杭の頭部連結の効果は十分解明されておらず、くさび杭やせん断杭の場合行わないが、抑え杭に対しては、不均質な地盤において局所的に過剰に生じた外力を

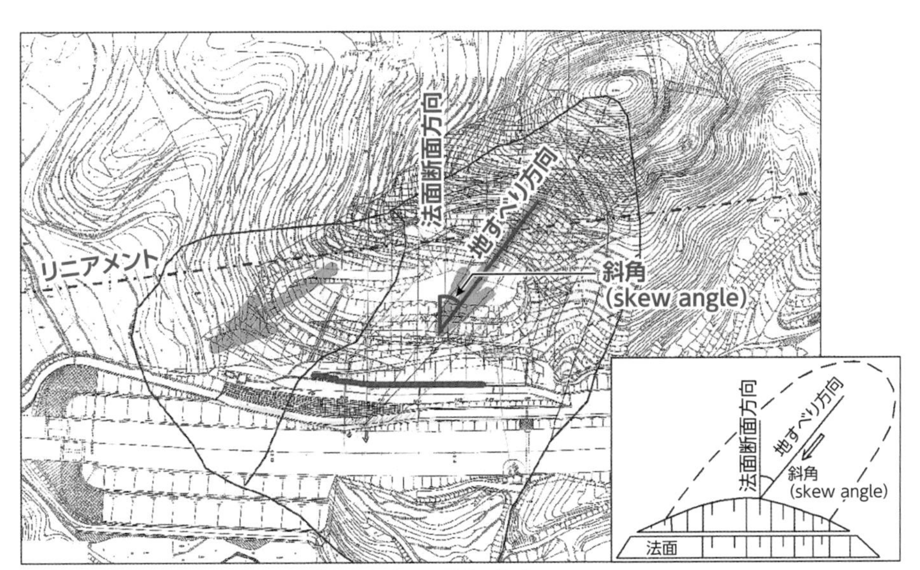

図-5.4　地すべりと法面断面（横断）方向の関係の概念

写真-5.1　斜角方向への角度調整受圧板の施工例

分散させる目的で、原則として頭部連結を行う[3)]。ただし、設計ではその効果を見込まない。

一方、アンカーは方向性を持ち、斜角が大きく開くと回転がかかり、自由長部の切断につながる恐れがある。こうした場合、**写真-5.1**の事例のように、頭部受圧板の角度を斜め方向に変えて、アンカーの方向をできるだけ地すべりの方向に近づける工夫が必要になる。さらに斜角が大きい場合は、法面自体を**図-5.5**のように蛇腹型に切り込み、その面から地すべり方向へ削孔することが考えられる。ただし、この場合は掘削した開放部分の地盤強度不足による「盛り上がり」や「破壊変状」に留意する必要がある。

いずれにしても、斜角がある場合のアンカー抑止力は、もともとの抑止力に対し「$\cos\theta$」を乗じた値に低下させる必要があり、その分だけ本数を増やさなければならないことになる。

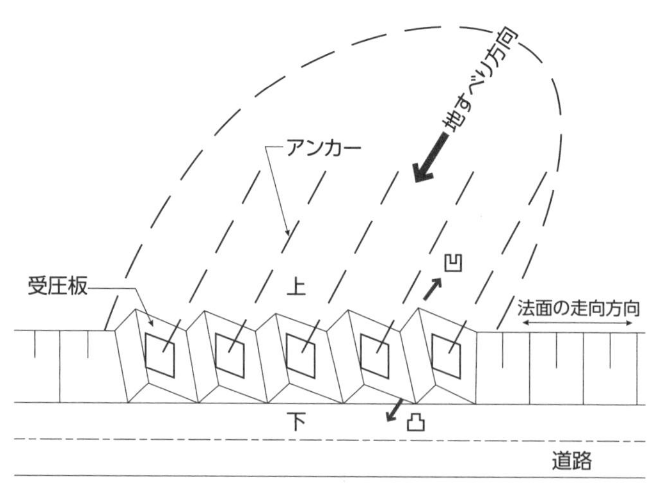

図-5.5　斜角方向のアンカー方向対策

5-4 流れ盤の岩盤すべり防止アンカーはせん断による一斉破壊の恐れがある

砂岩の層理面や片岩などの片理面が法面方向に傾斜した、いわゆる「流れ盤」構造となっている場合、その不連続面に沿ってせん断面ができて、地すべりが生じやすい。このような法面にアンカーを打設した場合、すべり面の位置で、アンカーも切断されることがある。特に、その不連続面の上下が硬い岩盤の場合に発生しやすい。

1998年6月3日 西日本新聞

写真-5.2　アンカー施工法面の崩壊例

写真-5.2は、建設時にアンカー施工を行った切り土法面の地すべり事例である。

写真-5.3は、そのすべり面位置でのアンカーの切断状況、**図-5.6**はすべり面に沿ったアンカーの切断（せん断）位置である。このすべり面の上部も下部も古第三紀の比較的硬質の砂岩に挟まれていた。例えて言えば、鋭利な刃物で切断されたようなものである。

このような流れ盤の岩盤すべりの法面では、アンカーよりも、一面せん断に強い杭のほうが、適しているかもしれない。

写真-5.3　流れ盤の岩盤すべり(一面せん断的)による鋼線の切断の例

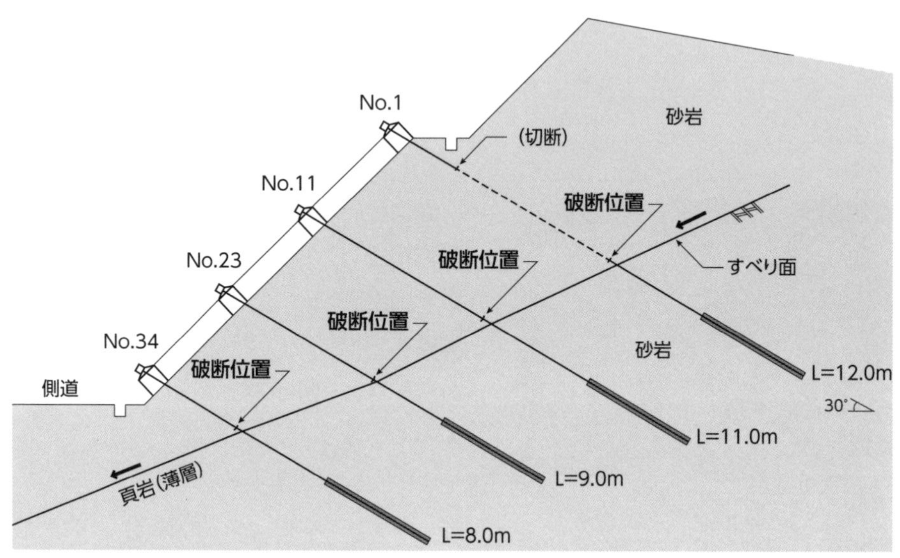

図-5.6　すべり面とアンカー破断位置

5-5 削孔長50mを超える長尺アンカーは孔曲りで定着部同士が異常接近する恐れ

水平や斜め方向に掘削するボーリングは、長くなると孔曲がりを生じる可能性がある。**図-5.7**は鳥取自動車道のアンカー施工現場で、試験的に水平方向に長尺（70m）のボーリングを掘って、その孔の曲り具合を確かめた結果である[4)]。削孔長が長くなるほど、また孔径が細くなるほど、鉛直変位（下向きの曲り量）が大きくなることが分かった。

アンカー長が長くなり、孔曲がりが大きくなると、端末になるほどばらつきが大きくなり、隣同士の定着部が異常に接近して、互いに干渉し合う可能性が出てくる。

図-5.8は、鳥取自動車道の同現場の施工断面模式図である。ここではアンカーの自由長が最大70mを超えるため、自由長50m以上のアンカーの定着部は1本おき（千

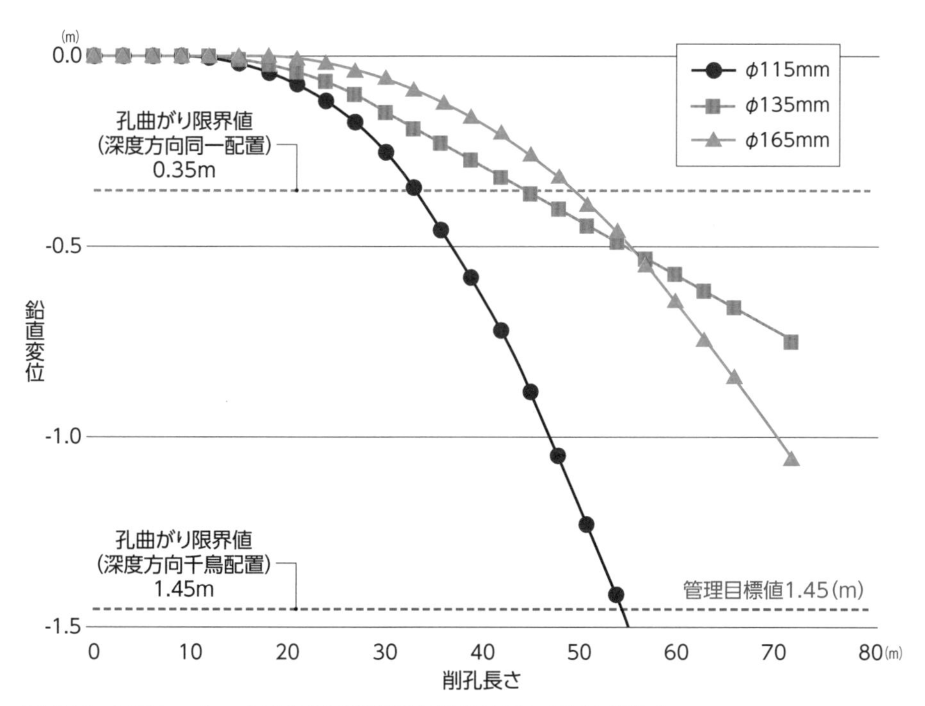

図-5.7　長尺アンカーの孔曲がり精度確認試験結果と管理目標値[5)]

鳥配置）に深度を設定している[5)、6)]。大規模地すべりの発生した現場において、長尺アンカーの削孔精度を考慮して深度方向に千鳥配置をすることで、アンカー体設置間隔を確保した事例である。

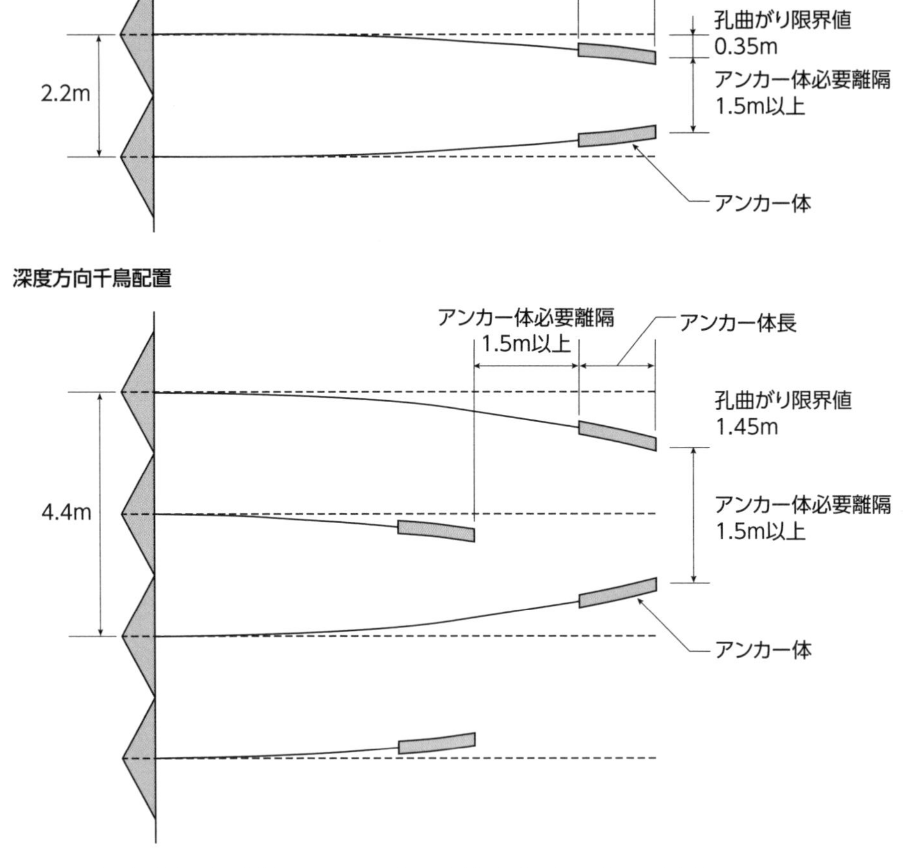

図-5.8　孔曲がりによる隣接アンカー相互の干渉の概念と孔曲がり限界値[6)]

5-6 孔曲がり長尺アンカーの定着部では頭部からの引っ張り力が目減りする

5-5項で述べたように、アンカー長が50mを超えるような長尺になると、ボーリング孔に孔曲りが生じる可能性が高くなる。さらに、工場で生産された鋼線は直径2m程度に巻き取られて現場に搬入される。この孔曲がりや鋼線の巻き癖の影響で、鋼線と周辺との摩擦が生じ、その定着部には頭部で与えた緊張力がそのまま伝わらない可能性がある。

図-5.9は、頭部からの緊張力が、定着部に至る途中の摩擦によって目減りする概念を説明したものである。

鳥取自動車道ではその実態を調べるために、地すべり法面において、アンカー頭部側近（受圧板裏面）の鋼線部①と、その定着部頭部の鋼線部②にそれぞれ応力計（ゲージ）を取り付けて、載荷（引っ張り）試験を行った[4)、5)]。結果を**図-5.10**に示す。

図の横軸は自由長の長さ（L_f）、縦軸は①と②それぞれの引っ張り荷重（応力）の比、即ち引っ張り荷重有効率を示したものである。同図から、自由長が50mで約75%、70mで約50%にまで引っ張り荷重が減少していることが分かる。これらの値を設計にどのように反映させるかは議論の分かれるところであるが、この現場では安全側を考えて、低減率を加味した引っ張り力で設計している。

摩擦損失がない場合：緊張力＝作用力

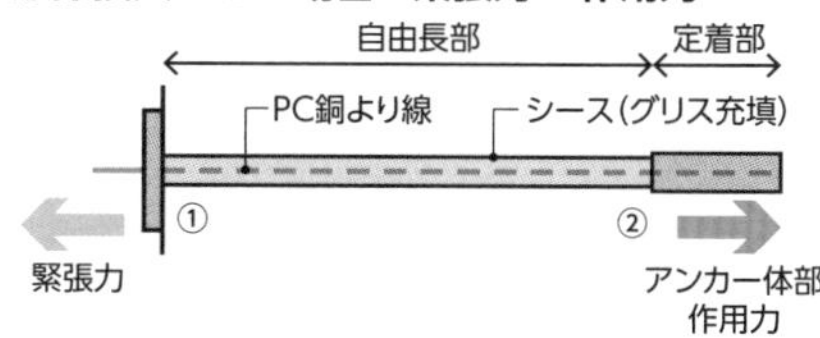

摩擦損失を考慮する場合：緊張力＞作用力

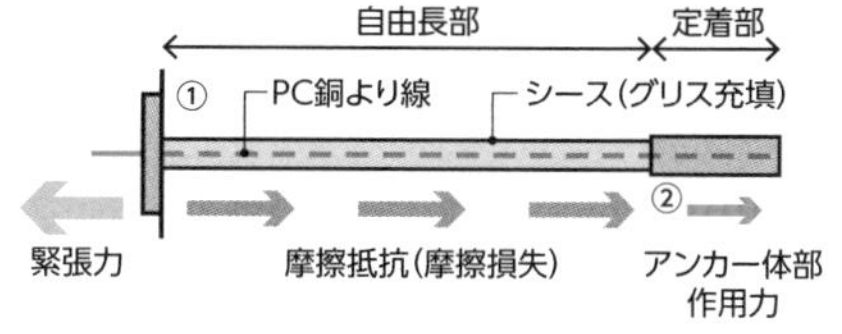

図-5.9 アンカー軸力摩擦損失の概念[4)、5)]

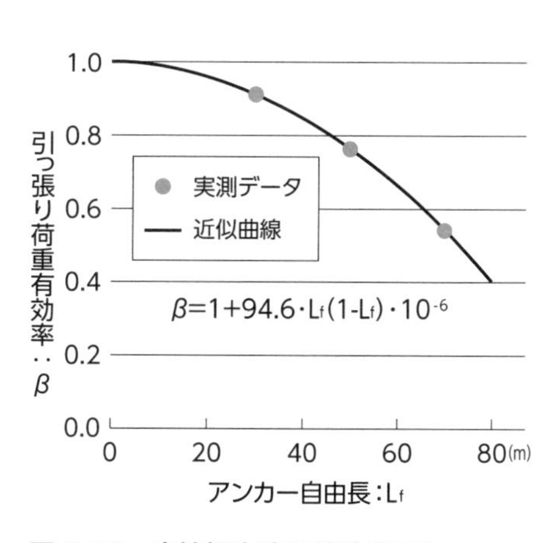

図-5.10 摩擦損失確認試験結果[4)]

5-7 トンネル坑口のアンカー配置は定着位置に十分な配慮を

山岳地や丘陵地のトンネルでは、坑口を地すべり地に設けざるを得ない場合がある。そのため、坑口掘削によって新たに地すべりを引き起こすことがある。この場合、①地すべり上部を排土する、②押さえ盛り土して坑口を前に出す ―― といった方法が一般的に採用されることが多い。

しかし、条件によってはいずれも困難な現場もあり、そうしたケースでは杭やアンカーで地すべりを抑止せざるを得ないことがある。その際、トンネル空間が障害となる。さらに、杭やアンカーの定着部は、トンネル周辺の地山の緩みを考慮に入れなければならない。

写真-5.4および**図-5.11**は、新東名高速道路でのトンネル坑口におけるアンカーの配置事例である。**図-5.11**は平面図なので、定着部がトンネル本体や直近地山の緩み領域に重なっているように見えるが、一定の土かぶりを確保した位置に定着させるように配慮されている。

一般に、トンネル掘削による緩みは、以前はトンネル直径の2倍（2D）と言われてい

写真-5.4　トンネル坑口における地すべり対策全景[9]

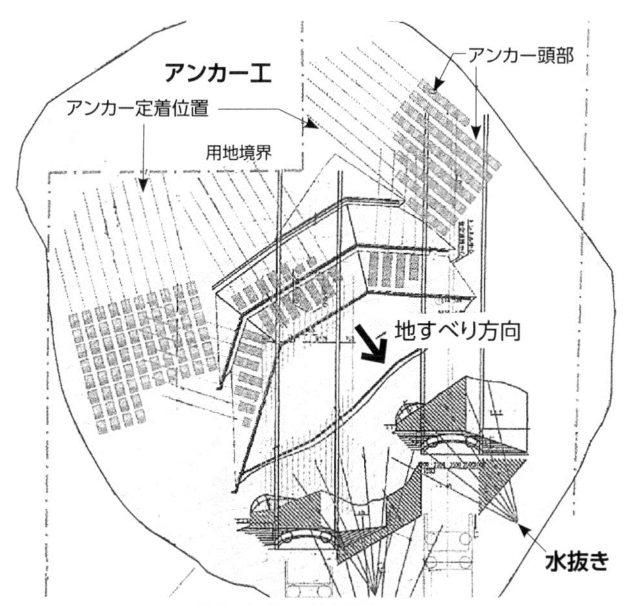

図-5.11　アンカー設置方向の検討例

た[7)]が、近年NATM工法や各種補助工法の普及により、地山の地質にもよるが1.0～1.5D程度でもよいという考え方が出てきた[8)、9)]。

アンカーの効果は方向性を持っており、このような方向の違うアンカーの組み合わせ方式には不確定要素がある。この現場では、徹底して計測管理を行い、支障がないことを確認しながら施工された。

5-8 1本の孔に鋼線1本のアンカーではもったいない

1本の孔の中に、鋼線（より線）が1本しか入っていないアンカーを見かけることがある。設計上はそれで満足しているのかもしれないが、いかにももったいない。

図-5.12は、ある現場でのアンカー施工費の工種別内訳比率である。全工費のうち、半分以上を削孔費が占めていることが分かる。従って、せっかくボーリングで孔を掘ったら、孔数を減らしてでも複数の鋼線を入れるべきと考える。鋼線（より線）1本の場合、切断したら後がないのと、より線1本（単線）の場合、緊張するとねじれが生じて頭部に回転がかかりやすくなるというデメリットもある。

	工種名称	工費比率(%)
①	アンカー削孔費	50.7
②	アンカー組み立て挿入費	8.6
③	セメントミルク注入打設費	4.6
④	アンカー材料費	24.4
⑤	確認試験・緊張定着	6.2
⑥	適正試験・緊張定着	1.8
⑦	荷重計設置	2.5
⑧	運搬仮設	1.2

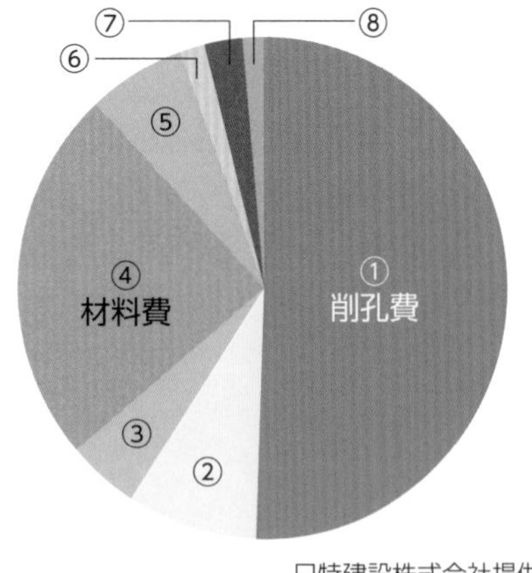

図-5.12　アンカー工事における必要経費の内訳比率の例

5-9 アンカー頭部からの湧水箇所の深部には「盲点」となる高い水圧が存在する恐れ

切り土法面から水を抜く場合、水抜き孔は通常、水平か上向き方向に掘削する。アンカーのように斜め下方に入れた孔から水が噴き出すのは、通常、深部に被圧水がある場合である。

ところが、法面の背後(上部斜面)に急傾斜面が続く場合は、上部斜面に平行に動水勾配を持った地下水が存在し、アンカーの定着部には、いわゆる被圧ではない高い水圧がかかっていることがある。その概念を**図-5.13**に示す。

即ち、図中のアンカー定着部①から上方へ等ポテンシャル線(動水エネルギーが一定の線)を引き、上部の水頭線との交点②を求める。①と②の高低差が、定着部にかかる水圧と考えられる。この水圧の水頭(即ち②の高さ)とアンカー頭部③とを比較すれば、②の位置のほうが高いことになり、①から入った水が孔の途中で分散しない限り、容易に頭部まで上昇し、流れ出すことになる。

写真-5.5は、アンカー頭部からの湧水の事例である。アンカーの泣き所の一つは、

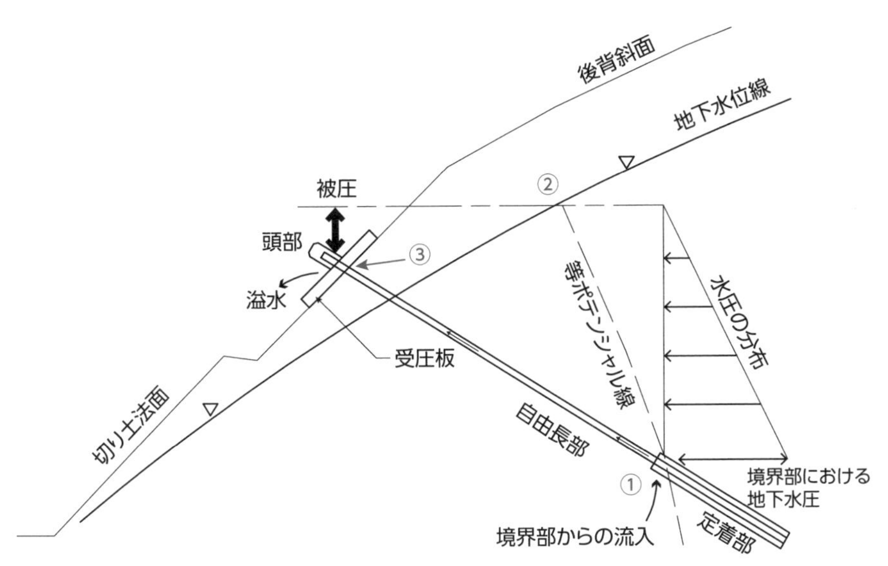

図-5.13　アンカー頭部に及ぼす定着部からの水圧

写真-5.5　アンカー頭部からの湧水状況(≒1L/分)

①の定着部と自由長部の付け根部である。この部分が変形して傷が入ると、テンドンに水が回り、その水圧で水が押し上げられる。途中、シース（外管ホース）に保護されていれば、逆に途中分散することなく、鋼線の隙間を伝って頭部から湧き出すことになる。

5-10 アンカー下方に湧水がある法面では水抜きと耐水補強を

写真-5.6は、アンカー頭部の下方からの湧水によって法面の下部が洗堀され、変状を起こした事例である。

アンカー下方の法面が崩壊すると、アンカー頭部の支持（踏ん張り）が弱くなり、アンカー自体の効力が低下し、その損失によって逐次、破壊していくことがある。このような場合、本来ならアンカー施工前に、水平水抜きボーリングなどによって地山の地下水位を下げておく必要がある。アンカー工の施工後の場合は、湧水のあるアンカー頭部の下方（アンカーを切らない位置）から水平ボーリングを行い、法面の下部をふとんかごなどによって保護する必要がある。

写真-5.6　アンカー下方法面の洗堀

5-11 完全に停止していない地すべりではアンカーは「仮引き」から

杭やアンカーなどによる地すべり抑止工は、すべりの活動が完全に停止してから施工することが原則である[10)]。これは、抑止工全体を同時に施工することができないために、最初に打設された杭やアンカーがその後の動きによって逐次破断され、さらにその後に打設されるものも片端から破断が連鎖することを防ぐためである。施工時の安全性確保や、施工による地すべりの誘発防止は言うまでもない。

しかしながら、災害復旧の場合は社会的な責務もあるので、なかなか理想通りにはならない。そうした場合は、地すべりの影響（危険性）が少ない箇所から水抜き工や押さえ盛り土などの抑制工を実施し、地すべり速度をある程度抑えてから抑止工の工事に着手するといった工夫が必要である。

抑止工として、工程上やむを得ずアンカーを施工する際は、モニタリングを確実に実施して、動きが微小で加速化していないのを確認したうえで判断することが重要[11)]である。この場合、極力短期間で施工する必要があるが、同時に多数の削孔機を投入すると、大量の削孔水を地中に浸透させることになるので避けたほうがよい。

次に、アンカーの締め付けは全体が完成した後に一斉に行うのが理想的であるが、施工中に仮緊張を行いたい場合は、設計荷重の50%以下で仮緊張し、全体が出そろった後、早急に本緊張を行うとよい。この場合、多点のアンカーヘッドにロードセルを設置し、軸力（荷重）の増加状態を監視しながら、過緊張にならないようにコントロールする必要がある。

5-12 増し打ちアンカーの定着体は既存のアンカーよりも深い位置に

グラウンドアンカーの増し打ち(追加)は、地すべり対策工施工後の再滑動の防止や、アンカーの老朽化対策などを理由に行われる。**図-5.14**は、NEXCOの増し打ち追加アンカーの配置例である。

前者の場合、およびアンカー緊張力管理において地すべり活動が収束しないと判断した場合は、すべり面の見直しを行い、増し打ちアンカーを計画する。老朽化対策の場合は、安定した法面であれば、設計時に想定したすべり面に対する全面打ち直しが基本となる[13)]。

増し打ちアンカーのアンカー体は、既設アンカーの影響がない範囲に設置することが重要である。既設アンカーと追加アンカーの定着部が同一深度に近い場合は、1.5m以上の離隔を確保すれば問題ない。しかし、やむを得ず離隔が1.5m未満となる場合は、追加アンカーのアンカー体をより深部に設ける必要がある。より深部に設ける場合のアンカー体の深度方向の離隔は、**図-5.14**に示すように1.0m以上あればよい[12)]。ただし、離隔を確保したとしても、施工に当たっては既設アンカーの取り扱いに配慮する必要がある。施工の影響による抜けや破断に対し、飛び出し防止対策を施すなどの配慮が必要である。

なお、老朽化対策が行われたものについては、追加アンカーが既設アンカーの抑止機能を代替することになるため、既設アンカーの緊張力を除荷して維持管理の負担を軽減する対応が考えられる。その実施に当たっては、除荷の影響が法面の安定に及ぼす影響を監視しながら、慎重な施工に配慮する必要がある[13)]。

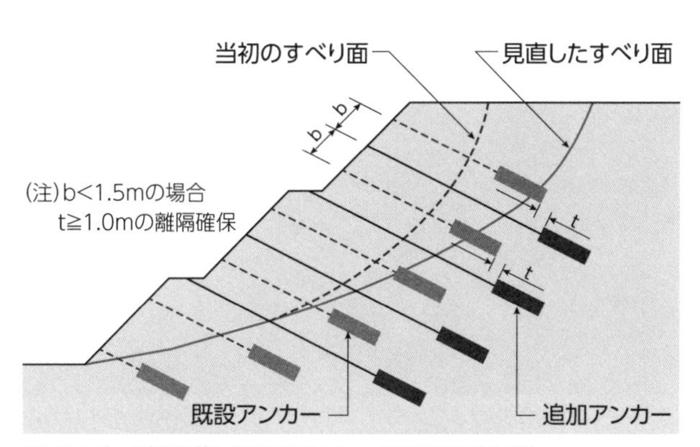

図-5.14 追加増し打ちアンカーの配置例[12)、13)]

5-13
完成後のアンカーリフトオフ試験は小型(SAAM)ジャッキで多点計測を

アンカーの施工段階の最初の緊張時や施工後に、アンカーが目的とした性能を有しているかを確認する「品質保証試験」などでは、①鋼線の緩み、②地山の変形、③鋼線の伸び、④頭部の遊び —— などの影響から、使用するジャッキは大きな引き抜き変形量を必要とする。この場合、**写真-5.7 (a)**に示すような、重量が100kg以上の大型センターホールジャッキが必要となる。

しかし、一旦完成した後の維持管理時における既設アンカーの有効緊張力(残存緊張力)を確認するリフトオフ試験では、既にある程度アンカーが緊張されており、使用するジャッキには、それほど長いストローク(引き抜き余裕量)を必要としない場合が多い。その際は、**写真-5.7 (b)**のような軽量(約28kg)のSAAMジャッキ[14)]で賄えることが多い。

SAAMジャッキは、搬入・移動・設置が容易であるため、多点の計測が可能というメリットがある。多点計測により、最近は後述の6-13項の**図-6.10**で述べるような、法面内のアンカー緊張力の分布図を作り、法面の健全度を評価するという試みもなされている。

なお、SAAMジャッキの使用は、あくまでも、ある程度の緊張力を残している場合に有効であり、緊張力が0となったアンカーの再緊張は無理だと考えたほうがよい。

(a)センターホールジャッキ[15)]

(b)SAAMジャッキ

写真-5.7　リフトオフ試験に使用するジャッキ[12)、13)]

5-14
アンカー荷重は季節と日時の変化で"息をする"

完成後のグラウンドアンカーは、常に一定の張力を保持している必要がある。この引っ張り力（荷重、軸力）は、ロードセル（圧力計）やリフトオフ試験によって管理される。張力は必ずしも一定ではなく、増減するのが普通である。この変動が設計荷重を大きく上回ったり、極端に下回ったりした場合、異常事態として精密な検査が必要となってくる。しかし異常事態ではなくとも、張力は季節によっても、また1日の中でも変動（息を）する。

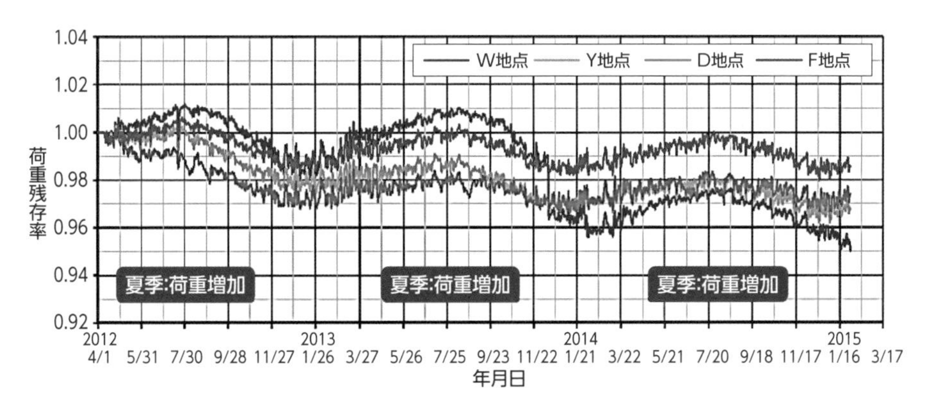

図-5.15　アンカー荷重（軸力）と季節変動（夏季荷重増加の例）[16)]

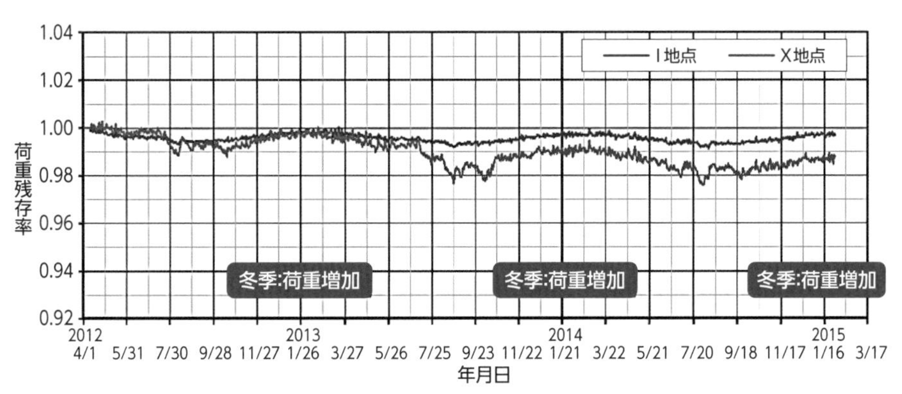

図-5.16　アンカー荷重（軸力）と季節変動（冬季荷重増加の例）[16)]

図-5.15、**図-5-16**は、新東名高速道路のアンカー荷重計による軸力の季節変動の測定例である。**図-5.15**は、夏季荷重増加した法面、**図-5.16**は冬季荷重増加した法面の挙動を示す。

図-5.15に示す現場では、荷重は夏場に上昇し、冬場に下降している。昼夜の温度変化にも支配されている。この原因は定かではないが、①気温の変化に伴う頭部受圧板および地盤の膨張収縮と、②雨季と乾季における地すべり活動力の変化によるものではないかと推察している。逆に、**図-5.16**は寒冷地の事例である。ここでは毎年冬場に上昇し、夏場に戻っている。当該法面は、いずれもやや急勾配の北向きであり、法面に浸出した地下水に凍結が見られたことから、表層地盤の凍上が冬季荷重増加の要因と考えられる。

現場管理者はこのような、いわば現場状況に応じたバックグラウンド（通常の癖や習性）を理解したうえで、異常値かどうかを判断しなければならない。

5-15 過緊張アンカーの弛緩は一時の“痛み止め”

アンカー緊張力が設計アンカー力を約20%を超えると、過緊張として、その対応を検討することが多い。この場合は、以下のような対策が行われる。

①アンカー頭部の調節により弛緩する（緩める）

②過緊張アンカー隣接部に、新たに代替アンカーを増し打ちする

図-5.17は、日本海東北自動車道の地すべり法面において、打設したアンカーが異常な過緊張を示し、その都度弛緩した事例である。

ここでは開通に間に合わせるべく、アンカーを助けるために暫定的に緩めたが、すぐに緊張力が増加し、その都度地盤の変位も増加し、最後は全面的に増し打ちを余儀なくされた。

過緊張アンカーを助けるための弛緩は、あくまでも一時の“痛み止め”であり、破断・飛散防止のために行う。弛緩するなら、周辺に新しく代替のアンカーを打設してから行いたい。

なお、新たな代替アンカーは、旧過緊張アンカーの緊張力以上の引き抜き耐力で設計・施工（緊張）する必要がある。

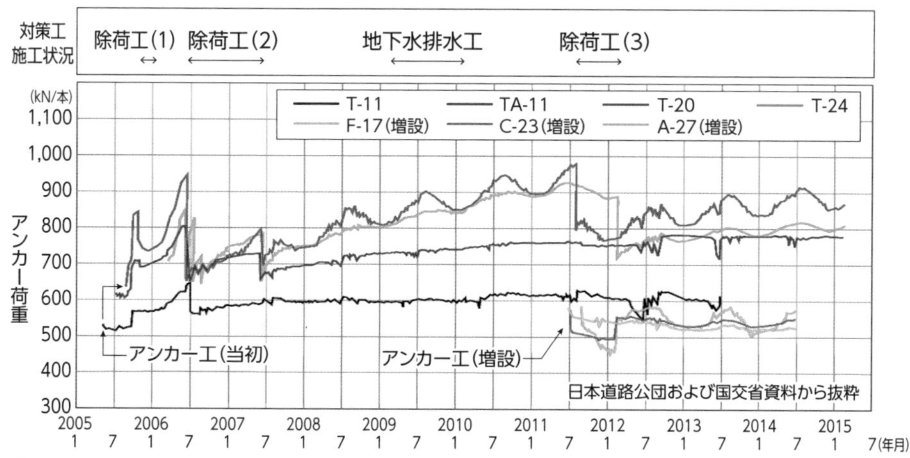

図-5.17　過緊張アンカー張力の弛緩および増し打ちによる軸力の変化

5-16 平成3年以前に設計されたアンカーは点検・補修・改良が必要

表-5.1は、地盤工学会やその他の組織から出されたグラウンドアンカー関連の基準・指針・要領・マニュアル類の変遷である。

1976年に、土質工学会によって基準制定されて以降、グラウンドアンカー工事は急速に増え、擁壁の安定、斜面安定、地すべり対策など、永久アンカーの利用目的も多様化した。同時期に、恒久対策として、道路などの斜面安定対策として数多く活用されてきた。

表-5.1　グラウンドアンカー関連の基準・指針・要領・マニュアルの変遷（奥園、下野）

年度	(公社)地盤工学会 (H6までは土質工学会)	NEXCO	その他
1974年 (S49)			土留めアンカー工法・設計施工 (建設工業新聞社)
1976年 (S51)	アースアンカー設計・施工基準		
1988年 (S63)	グラウンドアンカー設計・施工基準 JFS:D1-88 ※二重防錆導入		
1990年 (H2)	グラウンドアンカー設計・施工基準、同解説 ※二重防錆の現場適用		
1992年 (H4)		グラウンドアンカー設計指針 ※旧：道路公団編	グラウンドアンカー設計・施工手引き (日本アンカー協会)
2000年 (H12)	グラウンドアンカー設計・施工基準、同解説 JGS4101-2000		
2007年 (H19)		グラウンドアンカー設計・施工要領 ※NEXCO編	
2008年 (H20)			グラウンドアンカー維持管理マニュアル ((独)土木研究所、日本アンカー協会)
2012年 (H24)	グラウンドアンカー設計・施工基準、同解説 JGS4101-2012		

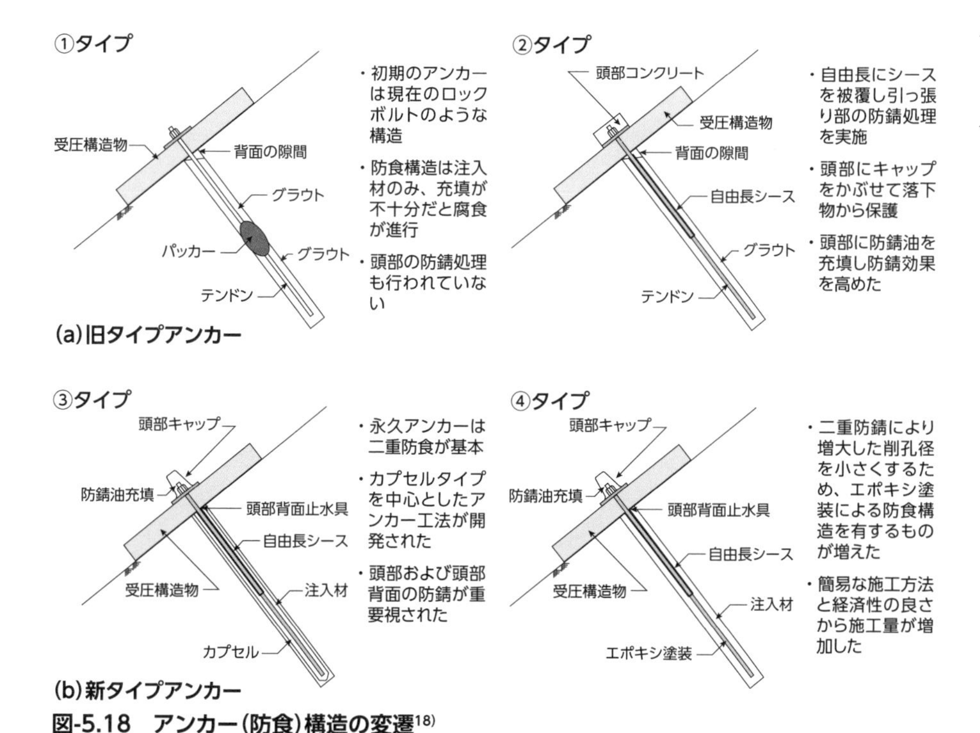

図-5.18　アンカー(防食)構造の変遷[18)]

1950年代後半の国内導入時期におけるアンカーは、ロックボルトとほぼ同じ構造を持っており、防食(防錆)に関してはグラウトの十分なかぶり厚さで確保するものとされていた。しかし、工法の普及と同時に、その構造は自由長部を持ったものへと変化し、自由長に対しての防食にもある程度、工夫がなされた。その一方、アンカー体部やアンカー頭部、頭部背面といった構造の境界部での防食が不十分であることが判明してきた。

1988年に制定された「グラウンドアンカー設計・施工基準」で二重防食の規定がうたわれ、1990年の改定で二重防食の現場適用が義務化された。これ以前のアンカーは、「旧タイプアンカー」と呼ばれるようになった。

自由長部の防食機能をさらに高めるために、アンボンドPC鋼材が使われるようになったのもこの時期であり、その後、エポキシ樹脂の塗装によって防食加工されたPC鋼材を使用したアンカーが開発された。1990年代以降、防食性能の高い材料（エポキシ塗装PC鋼材・連続繊維補強材）がアンカー鋼材として適用されたことは特筆すべき事項であるが、その半面、旧タイプアンカーの維持管理という大きな課題を抱えることとなった[17)]。

図-5.18は、これらの変遷と改良過程を具体的に説明したもので、①と②は旧タイプアンカー、③と④は新タイプアンカーを示している。

もともと、アンカーは常時引っ張り力を必要とするもので、日頃から十分な維持管理が求められる。特に、二重防食のなかった①タイプは、昭和の高度経済成長期に施工されたものが多く、アンカーの老朽化が早いと考えられるため、早急に点検・補修・改良する必要がある。

なお、NEXCOでは、旧タイプのグラウンドアンカーは新タイプに比べて変状が多く、グランドアンカー工の特性から部分的な補修では長期的な効果が期待できないため、すべての旧タイプアンカーに対し、新タイプアンカーによる再施工などの大規模な修繕（更新）を行うこととしている[19)]。

5-17 将来の点検・補修作業を考慮してアンカーの新設時に付帯施設を

5-16項で述べた通り、アンカーはメンテナンスフリーの永久構造物ではないと考えたほうがよい。点検と維持補修は不可欠である。ところが、アンカーを適用せざるを得ない現場は、一般的に長大かつ急勾配な法面が多い。この場合、点検や補修作業のための足場が必要となる。

特に、道路や鉄道など、法面の直下が供用されているところでは、**写真-5.8**のような簡単なはしごなどでは危険を伴うことが多い。筆者も、この写真の現場を登ってみて震えた経験がある。やはり、アンカーはメンテナンスを考えて、最初から階段や安全なはしご、そして点検用通路をこまめに設置しておくことが大切である。

写真-5.8　急勾配法面(アンカー工＋枠工)の点検状況

5-18 抑止杭の根入れ不足はアンカーでカバーできる場合がある

図-5.19は、蛇紋岩の法面で地すべりが起こり、杭とアンカーで対応した事例である。当初、地すべり抑止のために鋼管杭を打設したところ、変位が杭の下端を潜って回り込み、中央下部の道路面が盤ぶくれを起こしてしまった。そこで、杭の傾きを抑えるために、杭頭からアンカーを2段打設した。

これらのアンカーは、杭下端からのすべりの回り込みの解決にはなっていないはずだが、全体の変位の進行が大きく減少した。これはアンカーの抑止力が功を奏したものであるが、併せて杭本体が、アンカーの受圧板的な役目を果したものではないかと解釈している。

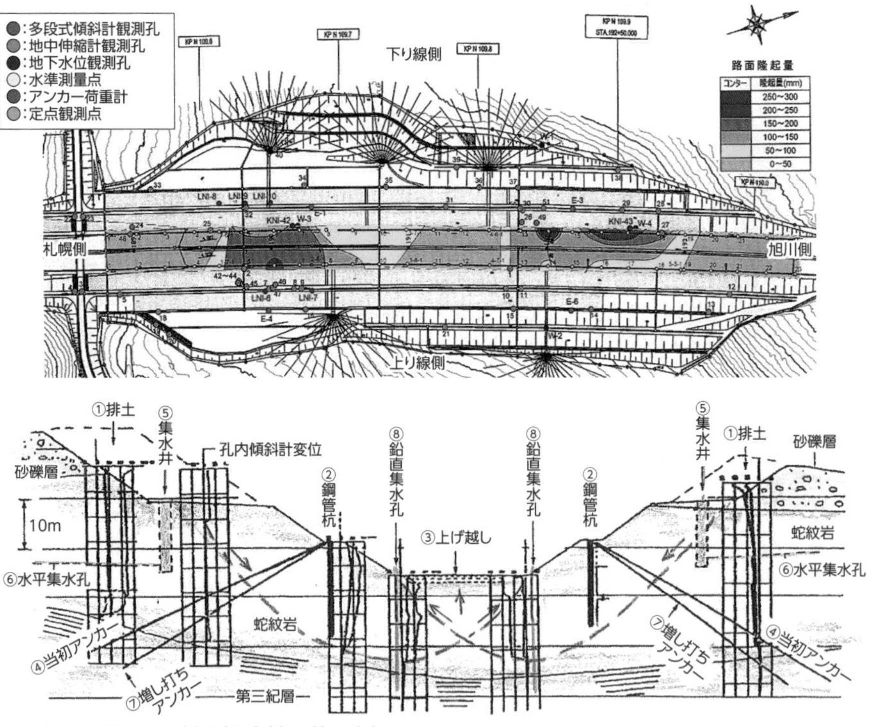

図-5.19　アンカー付き抑止杭の施工例

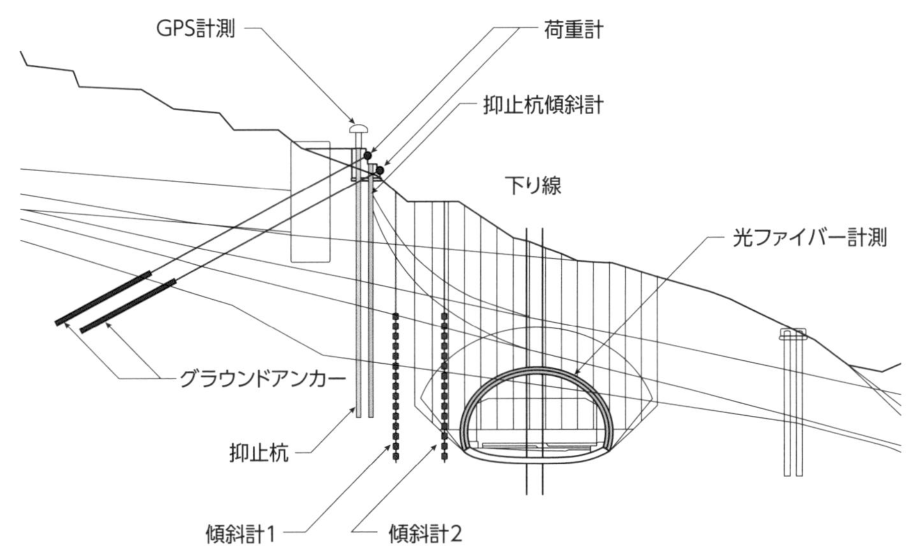

図-5.20　グラウンドアンカーによる抑止杭の補強例

図-5.20は、土かぶりの小さいトンネル上部の地すべり抑止を目的に、杭とアンカーを組み合わせた事例である。当初、トンネル掘削時の緩みによって発生が懸念された地すべりを抑止するため、抑止杭を打設したが、トンネル掘削とともに杭がトンネル側に傾き始めた。そこで、**図-5.20**の通り、杭頭側からアンカーを地山に向かって施工した。**写真-5.9**がその全景である。

アンカー緊張前後の抑止杭の地中変位（孔内傾斜計データ）を**図-5.21**、**図-5.22**に示す。緊張前の前倒し状態であった杭が、アンカーの緊張によって、微小ではあるが山側に押し返されていることが分かる。これも、杭がアンカーの受圧板的な役目を果しているものと思われる。

杭の根入れ不足は、アンカーである程度カバーできる場合がある。

写真-5.9　杭頭(連結部)アンカー打設状況

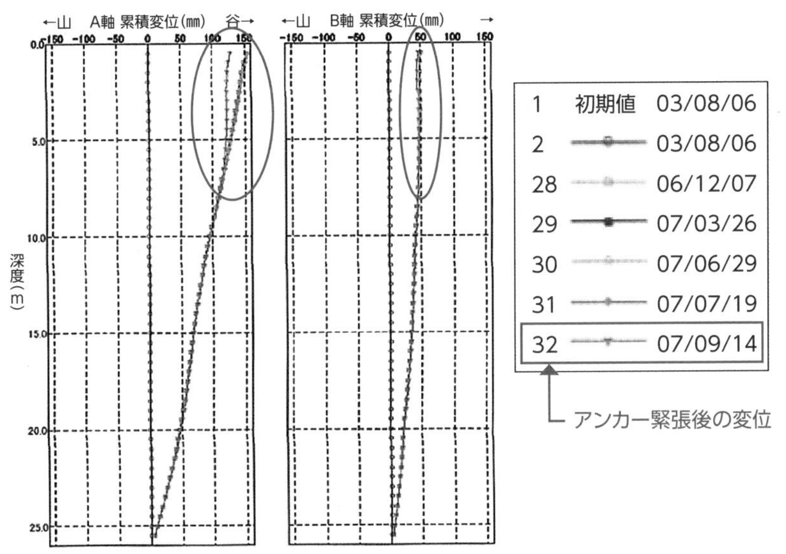

図-5.21　グラウンドアンカー施工前後の杭本体変位状況

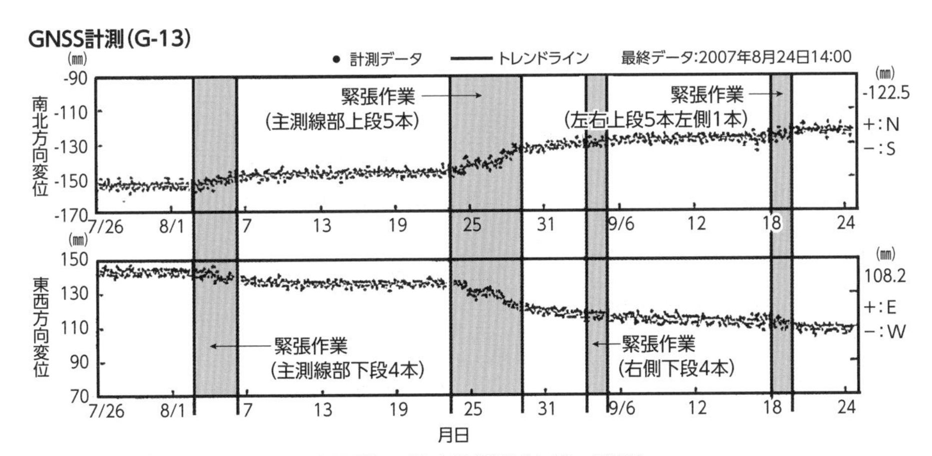

図-5.22　グラウンドアンカー緊張後の抑止杭挙動(山側へ移動)

5-19 法面上の抑止杭の配置はできるだけ「くさび杭」で設計する

地すべり抑止のための杭は、そのすべりの形態と杭の位置によって、設計手法が異なる。

図-5.23は、機能から見た鋼管杭の種類（設計手法）による杭の変形の違いを模式化したものである。大きく「①くさび（楔）杭」「②せん断杭」「③抑え（曲げ）杭」に区分される。

これ以外に「補強杭」もあるが、これは杭の谷側の移動層が極めて安定しており、地すべり全体の安全率もある程度確保されている状態の設計に使用される。安定状態にある地すべりをより安定させるという理論であるため、道路斜面防災や災害復旧での活用は限られる[20]。従って、ここでは割愛したい。

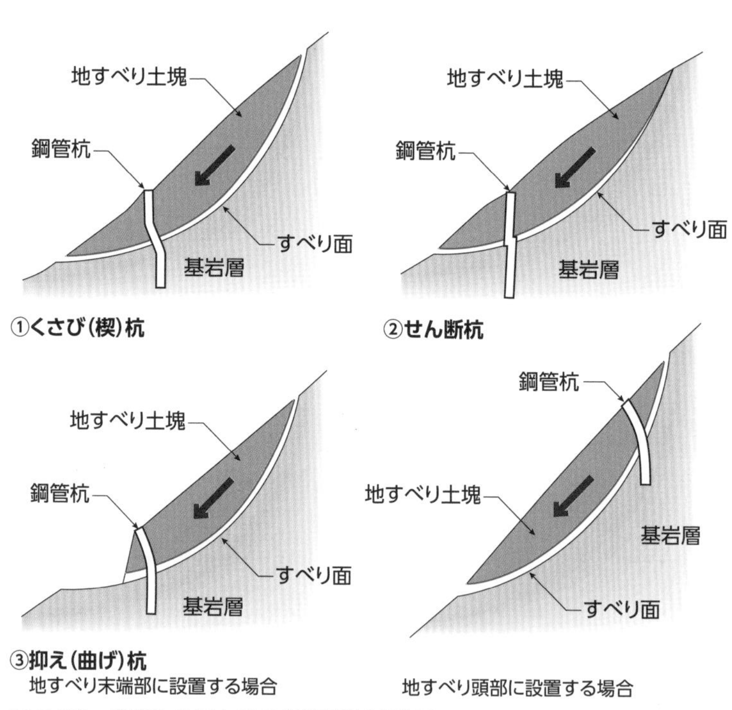

図-5.23　機能から見た杭の種類（概念図）[21]

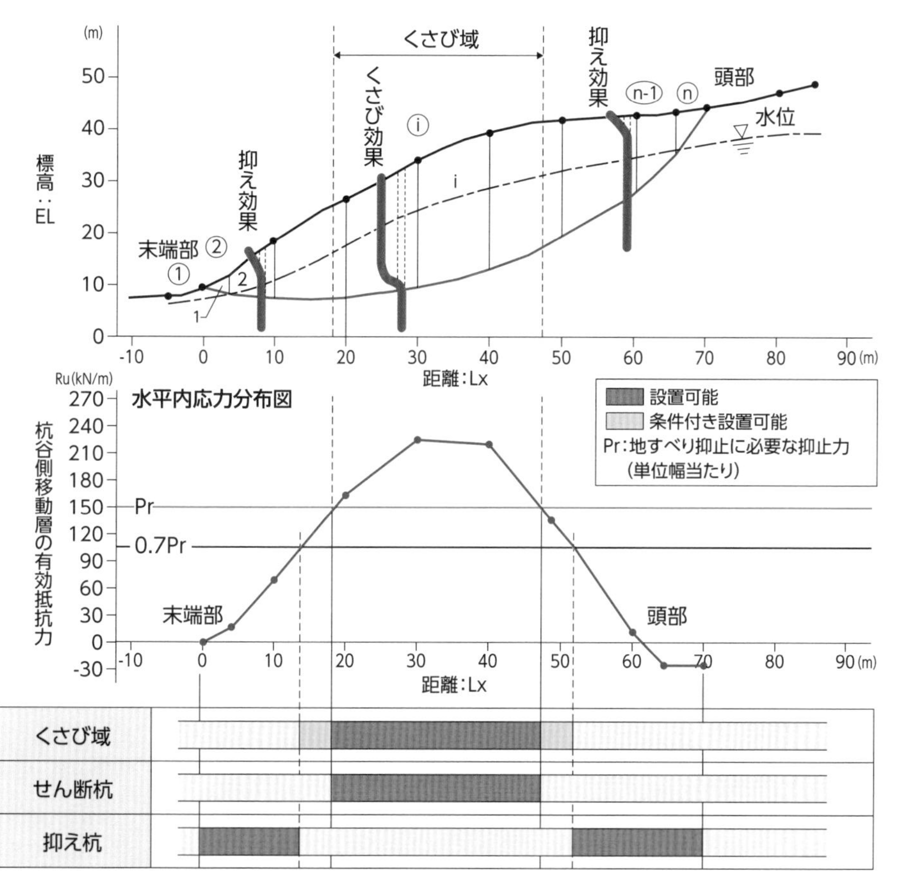

図-5.24　移動層の有効抵抗力分布図と杭の効果区分[21)]

鋼管杭は、それに作用する外力形態によって「せん断杭」と「曲げ杭」に分類され、さらに曲げ杭は、「抑え杭」と「くさび杭」に分類される。せん断杭が採用されるのは、すべり面付近の土塊の撹乱が少なく、基岩層が新鮮かつ堅固な岩盤からなる岩盤地すべりなど、せん断力が支配的な地すべりの場合に限られる[21)]。

従って、曲げ杭の中では、一般に杭背面土塊の反力によるくさび効果を期待でき、かつ経済的に有利なくさび杭を採用することが多い。工費的には一般的に、多い順に「③>②>①」になると言われており、できるだけ①のくさび杭で設計しようと努力するのが一般的である。

図-5.24は、杭の選定および配置計画を行う際の「水平応力分布図と杭の効果区分」である。杭の効果はこの図の結果をもって決定する。

図-5.25は、切り土法面で地すべり対策として抑止杭を施工して、変状を起こした事例を模式化したものである。

図の**(a)**は、杭の位置を法面下流側に寄せ過ぎた例で、杭の反力となる下流側の土圧（受動土圧）が不足しているケースである。また、**(b)**は杭を法面上側に寄せ過ぎて、下方の土塊との縁を切ったため、下方だけが単独ですべってしまうケースである。深

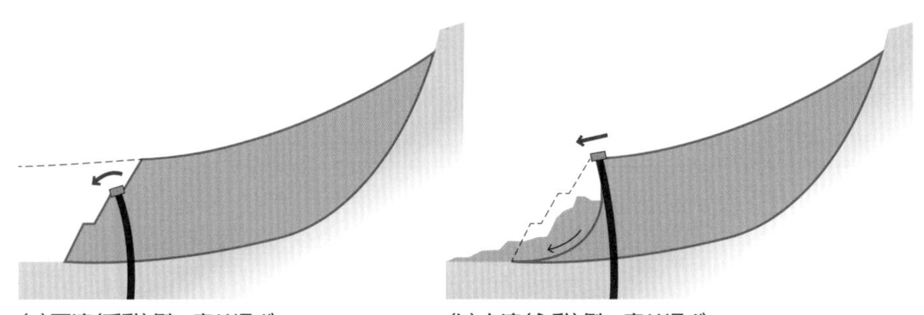

(a)下流(受動)側へ寄せ過ぎ　(b)上流(主動)側へ寄せ過ぎ

図-5.25　切り土法面に多い地すべり抑止杭打設後の変状パターン

写真-5.10　深礎杭前面の土塊の崩落例

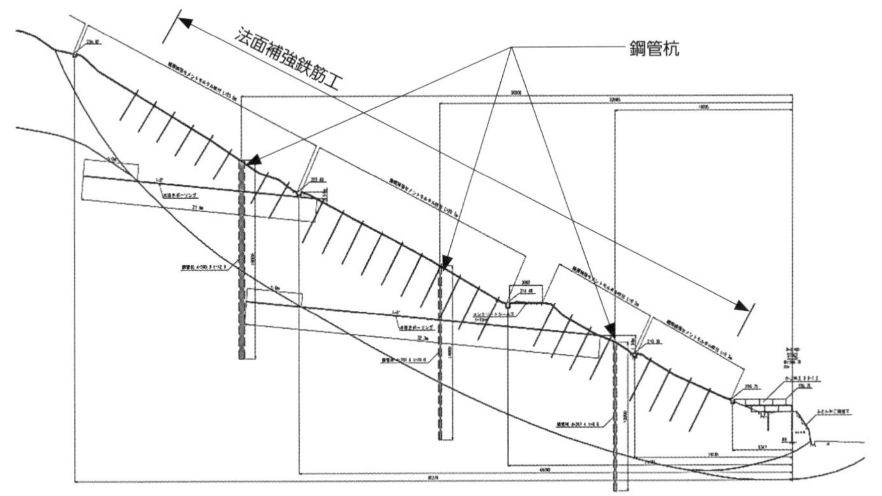

図-5.26　抑止杭の前面に切り土補強鉄筋工を施工した例

礎杭ではあるが、**写真-5.10**はその事例であり、切り土法面の杭の現場で圧倒的に多く見られる。

これらの配置計画では、各杭が変形を起こしてしまえば結果的に**図-5.23**③の抑え杭の考え方となってしまい、工費が割高になる。杭の配置は**図-5.25**の**(a)**と**(b)**の中間を狙い、できればくさび杭で設計するのが理想だが、両者の間隔は意外に狭い。この中間の位置の決定は、すべり面の形状をよく調査し、すべり面が水平に近い位置を狙うのが一般的ではあるが、現場は必ずしも常識通りにいかないケースが多い。このような場合、経験豊富な有知識者の知恵（ノウハウ）を借りる必要がある。

筆者は中間の位置が分からない場合、**図-5.25**の**(a)**と**(b)**の中間地点を狙い、当面くさび杭で設計し、計測しながらの施工で変状を監視しながら、必要に応じて杭頭または下方の法面からアンカーを引くという工法を提案したことがある。また、**図-5.26**のように、抑止杭の前面に切り土補強鉄筋工を施工して、表層崩壊を防ぐ工夫も効果がある。

5-20 法面小段上の杭の並びは三角形配置 抑え杭では頭部を連結

写真-5.11　抑止杭前面の土砂崩落状況

写真-5.11は、法面小段に打設した鋼管杭の前面の土砂が崩落した事例である。

切り土法面中腹の杭は下流側の地山が薄いため、杭本体の変形も大きく、前面の土砂が崩落しやすい。筆者の体験であるが、このように抑え杭の場合は杭の配置を単列にせず、杭打ちによってできる地盤の不連続面が、横一線にならないように三角形配置とし、しかも杭頭を連結（ラーメン構造）して、少しでも杭頭変位を小さくする配慮をしておくのがよい。

なお、必ずしも正三角形（千鳥）配置でなくても、**写真-5.12**のように、数量（本数）は同じでもできるだけ1本置きに前後させて、単列にしない工夫をしておくことが望ましい。

写真-5.12　抑止杭三角形配列の例

5-21

杭頭連結部の目地は最小限に

いま一度、前ページの**写真-5.12**をご覧いただきたい。写真上方に目地が写っている。せっかく杭頭連結したら、目地の数は最小限に留めたい。**図-5.27**は、目地によって区切られた領域の杭だけが破断した事例を模式化したものである。つまり、地すべりは横断方向に必ずしも同一の応力がかかるものではない。荷重を分散させ、余力のある杭に助けを求め、互いに助け合う目的で連結するものである。コンクリートの収縮ひび割れ防止のためには、目地は皆無というわけにはいかないかも知れない。コンクリート構造物の場合の目地間隔は一般的に20mであるが、できれば鉄筋だけでも連続させるか、しっかりとずれ留めを考えておくべきであると考える。

写真-5.13は、千鳥配置の杭頭を、目地なしで連結した事例である。

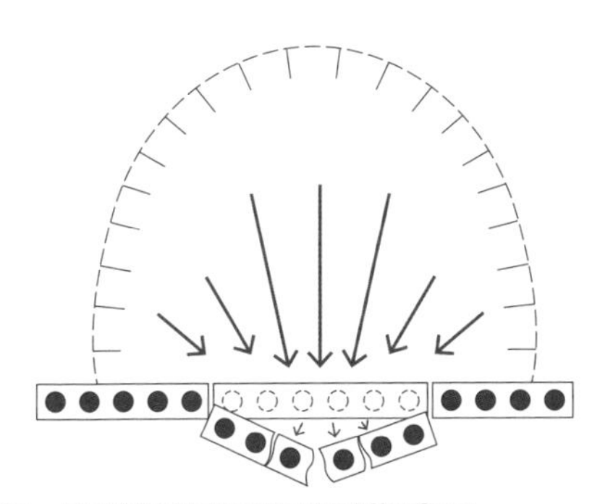

図-5.27　杭頭連結目地部の切断概念図

写真-5.13　2列配置抑止杭の杭頭連結

5-22 抑止杭とアンカー・基礎杭の組み合わせ 許容変位大＝上流側、剛性大＝下流側に

地すべり抑止工として、杭とアンカーの組み合わせや、抑止杭と橋梁基礎杭とが重なることがある。このような場合、以下の注意点を考慮に入れて設計・施工する必要がある。

(1) 抑止杭と抑止アンカーの組み合わせの場合

地すべり上流側に先に杭を打ち、変位を適度に与え、ある程度の圧力を分担させた後に、下方側にアンカーを打ち、プレストレスをかけて残りの外力（圧力）を受け持たせる構造とするとよい。

(2) 橋梁基礎杭の保護のための抑止杭の場合

橋梁基礎の杭は、一般には地すべり抑止杭よりも剛性が高い。従って、同時に施工した場合、その後の土圧は剛性の高い橋脚が大半を受けてしまうことになる。この場合、橋脚掘削（床掘り）前にその上流側に先行して抑止杭やアンカーを打って、ほぼ完全に地すべりを止めてから、橋梁工事を施工することが原則となる。

これらの概念を**図-5.28**に示す。

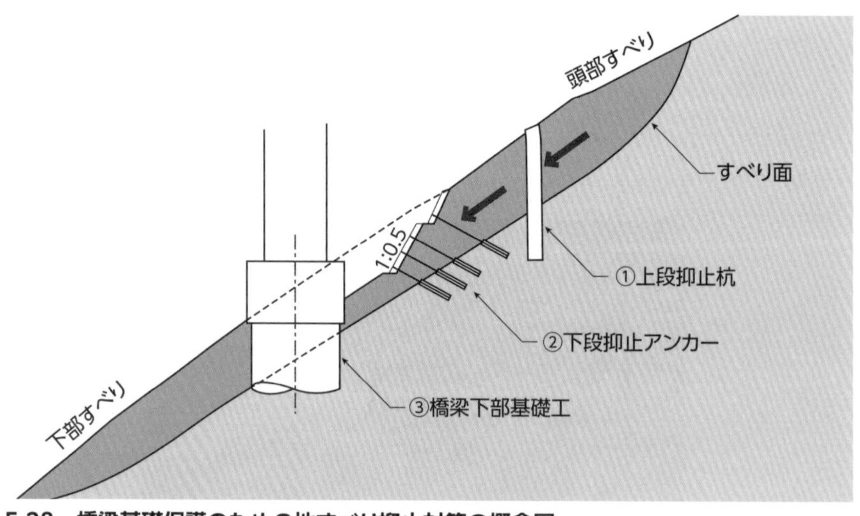

図-5.28　橋梁基礎保護のための地すべり抑止対策の概念図

5-23
アンカー増し打ち時に融通が利くのは千鳥配置よりも正方形配置

切り土法面上にアンカーを設置する場合、最初は千鳥（正三角形）配置よりも正方形配置がよい。これは以下の理由によるものである。

①アンカー頭部の受圧板は、独立板よりも現場打ち（吹き付け）枠工のほうが全体の連続性が良い。なおこの場合、アンカーは枠の交点に設置する。

②完成後にアンカーを追加したい時に、①の場合は枠の中に独立受圧板を設置できる。最初から独立板を千鳥配置にすると、後から追加しにくい。

図-5.29は、追加後のアンカー配置を、正方形と千鳥とで比較したものである。どちらも同じ密度（単位面積当たり同じ本数）の概念図である。この図からも、隣との間隔は正方形配置のほうが広く、互いに接触または干渉しにくいことが分かる。

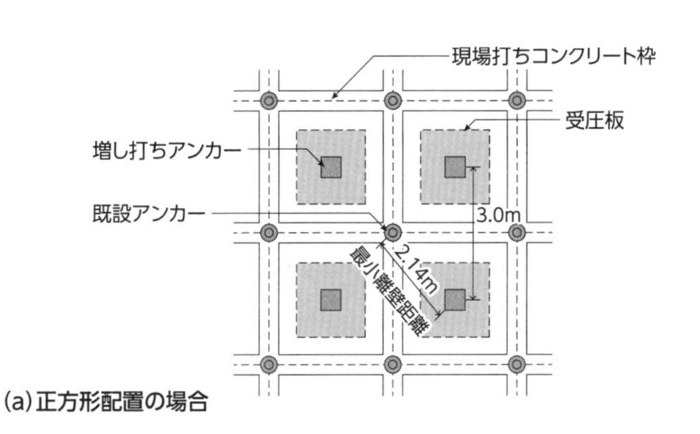

図-5.29　アンカー増し打ちにおける正方形配置と千鳥配置の離隔比較

第5章 参考文献

1) 東・中・西日本高速道路(株):グラウンドアンカー設計・施工要領、pp.41-43、2008.
2) 鵜飼恵三、蔡 飛、鄭 穎:二列に配置された抑止杭の効果を弾塑性FEMにより評価する方法の提案、(公社)日本地すべり学会、Journal of the Japan Landslide Society、Vol.37、No.4、pp.21-23、2001.
3) (公社)日本地すべり学会:新版 地すべり鋼管杭設計要領、(社)斜面防災対策技術協会、p.71、p.92、p.100、2008.
4) 田久勉、下田薫、川崎廣貴、田村武:グラウンドアンカー自由長部における摩擦損失、(公社)地盤工学会、地盤工学ジャーナル、Vol.5、No.2、pp.281-291、2010.
5) 田久勉、下田薫、川崎廣貴、田村武:グラウンドアンカー緊張力の相互作用の確認、(公社)土木学会、第64回年次学術講演会、Ⅲ-066、pp.131-132、2009.
6) 田久勉:凝灰岩地山の大規模切土による地すべりの抑止に関する研究、京都大学(大学院工学研究科)、博士(請求)論文、pp.169-170、2015.
7) 東・中・西日本高速道路(株):設計要領第3集、トンネル建設編、p.2、2016.
8) 財団法人高速道路技術センター:トンネル掘削を誘因とする地すべり対策に関する基本検討、pp.8-68、1996.
9) 田山聡、細野泰生、竹國一也、宮田和、平野宏幸:地すべりに及ぼすトンネル掘削の影響と対策工の効果、(公社)土木学会、トンネル工学論文集、Vol.14、No.9、2004.
10) 林野庁:治山技術基準、第4編地すべり防止事業、解説編、pp.21-22、2013.
11) 東・中・西日本高速道路(株):設計要領第1集、土工建設編、pp.2-18、2-30、2016.
12) 東・中・西日本高速道路(株):設計要領第1集、土工保全編、pp.2-24、2016.
13) 藤原優、村上豊和、福田睦寿、高島誠、長木大剛:老朽化対策のためのグラウンドアンカーの追加施工における緊張力管理手法に関する検討、(公社)土木学会、土木学会論文集C(地圏工学)、Vol.75、No.1、pp.115-130、2019.
14) 酒井俊典、福田雄治、中村和弘、竹家宏治:小型・軽量新型アンカーメンテナンスジャッキの開発、地盤工学会誌、Vol.55、No.4、pp.39-41、2007.
15) 藤原優、酒井俊典:グラウンドアンカーのリフトオフ試験方法に関する検討、(公社)土木学会、土木学会論文集C(地圏工学)、Vol.67、No.4、pp.558-568、2011.
16) 山本稔、春名晃宏、中村友和、川崎廣貴、高橋広幸:グラウンドアンカーの保全段階の計測挙動、(公社)土木学会、第70回年次学術講演会、Ⅳ-337、pp.673-674、2015.
17) 山田浩:グラウンドアンカー工法の技術の変遷、土質工学会、土と基礎、Vol.54、No.10、pp.18-20、2006.
18) 国立研究開発法人土木研究所、(一社)日本アンカー協会、三重大学、(株)高速道路総合技術研究所:グラウンドアンカー維持管理マニュアル、博報堂出版(株)、pp.11-12、2020.
19) 松坂敏博、森山陽一、小笹浩司、太田秀樹、藤野陽三、宮川豊章、西村和夫:高速道路の構造物における大規模更新および大規模修繕の導入と課題、(公社)土木学会、土木学会論文集F4(建設マネジメント)、Vol.73、No.1、pp.1-18、2017.
20) (公社)日本地すべり学会:新版 地すべり鋼管杭設計要領、(社)斜面防災対策技術協会、pp.30-31、2008.
21) 地すべり災害復旧技術研究会:災害復旧事業における地すべり対策の手引き、(社)全国防災協会、国土交通省河川局、pp.66-70、2006.

第6章

斜面災害（崩壊）の短期予測・直前予測と災害直後の対応

6-1 斜面の点検は崩壊予測のための定期健診の基本

斜面や法面の点検は、人間で言うところの定期健診に当たるものであり、防災上行う対応に際し、最も重要かつ基本となる所見データと言える。**表-6.1**は、高速道路における斜面崩壊の予測（長期～短期）のための点検手法の一例である。

まず基本となる詳細調査により、法面の安定状況を推定し（長期予測）、「一般法面」と「指定法面」に区分する。指定法面も不安定度合や重要度（崩壊した時の被害の大きさ）に応じてⅠ-a、Ⅰ-b、Ⅱに区分する。ⅠとⅡの違いは計測機器による動態観測を行うか否かであり、Ⅰ-aとⅠ-bは早期に補強対策が必要か否かの違いである。日常点検を繰り返し、安全点検（安定度に直接関係する要因の検査）項目での異常の有無（中期予測）によって、適宜ランクが変更となる。以後、定期点検、詳細点検を繰り返していく。

表-6.1　管理重要度に応じた調査・点検の一例

<table>
<tr><th colspan="3" rowspan="2">管理重要度区分</th><th rowspan="2">備考</th><th colspan="4">点検</th></tr>
<tr><th>詳細点検</th><th>定期点検</th><th>日常点検</th><th>臨時点検</th></tr>
<tr><td rowspan="3">指定法面</td><td>I-a</td><td>動態観測強化</td><td>点検の強化に加え、全自動動態観測を実施</td><td rowspan="4">•詳細点検は、1回/5年で実施する
•初回点検は、供用後2年以内に実施する
※基本的に保全点検要領通り</td><td rowspan="4">•基本点検は、1回/年以上実施する
※基本的に保全点検要領通り</td><td rowspan="2">•日常点検のうち、安全点検（項目）を必ず実施する</td><td rowspan="2">•緊急点検（地震時、異常降雨時）に優先実施する
•特別点検は、必要の都度（保全点検要領に準じる）実施する</td></tr>
<tr><td>I-b</td><td>動態観測実施</td><td>点検の強化に加え、全自動動態観測を実施</td></tr>
<tr><td>Ⅱ</td><td>点検強化</td><td>点検強化を実施</td><td rowspan="2">•日常点検のうち、安全点検（項目）を適宜実施する
※基本的に保全点検要領通り</td><td rowspan="2">•緊急点検、特別点検ともに、保全点検要領に準じて実施する</td></tr>
<tr><td>一般法面</td><td>Ⅲ</td><td>通常点検</td><td>通常点検を実施</td></tr>
</table>

↑ 長期予測（詳細点検）　中期予測（定期点検・日常点検）　↑ 短期予測（臨時点検）

さらに、崩壊につながる緊急性の高い現象が見つかれば、臨時点検および動態観測体制を強化し、再度詳細調査を行うとともに崩壊の短期予測を行い、その対応を検討し、緊急体制を組むことになる。

いずれにしても、点検は現地調査の基本であり、以下のような項目の実施が必要条件となる。

①切り土の場合、下からだけではなく、法面の頂上まで登ること

②盛り土の場合、上からだけではなく、法尻まで降りること

③法面の草刈りを定期的に行うこと。草刈りは点検の一手段と考えたい（草刈り時に異常が発見されることが多い）

④常に安全な点検通路を確保し整備しておくこと

6-2 道路防災総点検カルテはその“裏”にある情報が大切

道路防災点検は、1968年8月に発生した「飛騨川バス転落事故」をきっかけとして、同年9月に直轄国道を対象として第1回が実施され、その後、対象が市町村道や高速道へも広がった。1996年に、当時の建設省および（財）道路保全技術センターから、道路防災全国一斉点検のために発出された総点検要領で「防災カルテ」が導入されて以降、複数回にわたって更新・改良されながら、20年以上を過ぎた現在も、継続して行われている。

このカルテ方式に整理されるシステムは、既成の仕組みとして出来上がっており、非常に効率的であると言える。ところが、20年以上経た今日では、惰性に流され、ともすればカルテを埋めることのみに点検者のエネルギーが費やされ、“カルテのためのカルテ”になりがちになっているという指摘もある。

元来、法面や斜面は、一つの現場の中でも土砂から硬岩まで存在することや、湧水の多い部分と全くない部分が隣り合わせに存在することがある。しかも、もともとアナログ的な状態を、カルテではデジタルではなくともパターン区分をしなければならず、最後には一つの法面を点数で評価することになっている。従って、カルテ1枚だけで法面全体を評価するのには、もともと無理があることは否めない。

しかし、大きな利点もある。それは、点検時の調査漏れを防ぐこと、危険斜面の意識づけができること、初心者にも大事な着眼点を教えてやれることなどである。点検結果の整理で大切なことは、カルテの“裏側”にある重要な情報を、図面と写真でしっかりフォローすることである。

6-3 点検でノーマークの地点が崩壊するのはある程度はやむを得ない

1996年度の全国一斉道路防災総点検以降、点検と防災対策は大きく進展していった。しかし、ノーマーク（「危険」と評価された要対策箇所、およびカルテ対応箇所斜面より「危険性なし」または「スクリーニングで問題ないため点検対象外」と判断された）斜面のほうが災害発生箇所に占める割合が高くなっている[1]。法面防災点検による危険箇所（事前対策が必要と判断された斜面）が崩れず、ノーマークの斜面が崩壊を起こしたという話をよく聞くのは、このことの裏付けでもある。

法面や斜面の評価は、材料の不均一性や地域的な地質特性などの素因の違いが災害の規模や形態に影響を与えるため、画一的な管理が難しいということに集約される。ところが、点検の要領や基準では、対象道路斜面の抽出手法や評価は全国一律になっている。つまり、対象道路斜面の抽出手法や点検の評価判定に対し、地域の特性に応じた地質の素因特徴の反映が不足していることや、評価において地域性が考慮されていないことなどが、原因の一つとして考えられる[2]、[3]。従って、あながち点検者の能力不足や怠慢とばかりは言えないと考えている。

筆者らは、15人ほどのベテラン技術者を集めて、高速道路の現場のある区間の法面を個別に点検してもらい、結果を5段階評価で集計したことがある。すると、最も危険な法面のAランクと、十分安全と思われるEランクの評価は、ほぼ全員一致していた。これは、「最も危ないと思う法面と十分安全と思う法面は、誰が見ても分かる」ということを示しており、問題はB、C、Dランクの評価に個人差が出てくる点である。

ところで、一般的には危険箇所と判断される法面の数に対して、「安定」もしくは「さほど危険ではない」と判断される法面のほうが圧倒的に多い。いま、ある地域内で「危険」が40カ所、「安定」がその4倍の160カ所あったとする。そこが集中豪雨に襲われて災害が多発し、「危険」グループで崩壊が5カ所、「安定」グループでの崩壊が10カ所で起こったとすれば、崩壊確率からすれば8分の1と16分の1で、危険箇所と判断されたグループの崩壊率が2倍高いと言える。

つまり、ノーマーク法面・斜面の崩壊が多く見えても、大まかな判断は間違っていないと考えてよいのでないかと思うが、いかがであろうか。

6-4
“前歴”のある法面では隣接する箇所もマークせよ

切り土も盛り土も、一旦法面崩壊を起こすと、それなりの復旧対策を講じれば以前よりも改良され、安定を保ち続けるのが一般的である。しかし、隣接した未崩壊法面はそのまま置き去りにされることが多い。この場合、その法面が崩壊しなかったのはたまたまにすぎず、類似した条件を備えていることもある。人間に例えると、「病原菌は持っているが、少しだけ体力が上であったので発症しなかった」ということになる。

写真-6.1は、中国自動車道での盛り土崩壊例[4]であるが、この時（最初の崩壊：2017年10月22日）では、左側の隣接法面にほとんど変状はなかった。

写真-6.2は、同位置の応急復旧対策（鉄筋補強土工+コンクリート吹き付け工）施

写真-6.1　盛り土崩壊(最初の崩壊:2017年10月22日)[4]

写真-6.2　隣接盛り土の崩壊（2度目の崩壊:2018年7月7日）[4]

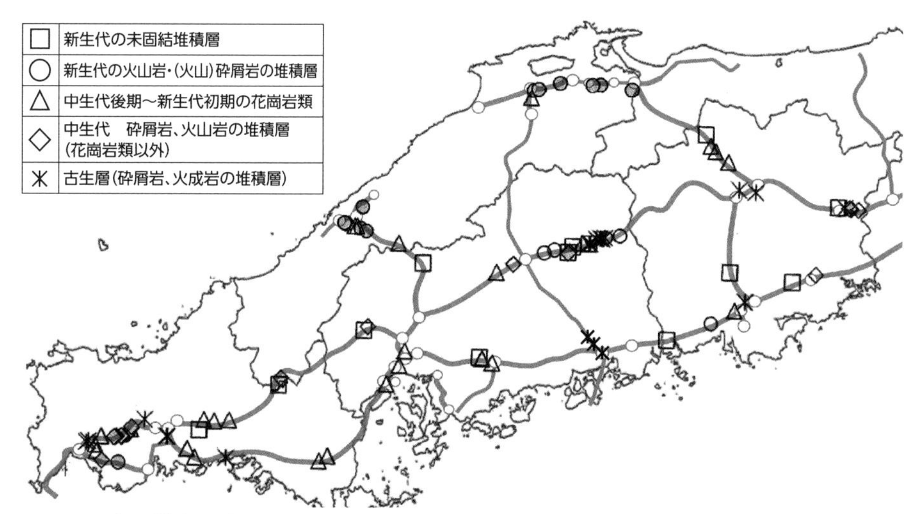

図-6.1　中国地方の高速道路における大規模災害発生分布[3)]

工後、翌年（2度目の崩壊：2018年7月7日）の豪雨時に、左側隣接法面が崩壊したものである。こうした例は筆者らもたびたび経験しており、現場でアドバイスする際は、表現が悪いが「重病人が住んでいる家の隣の住人も気をつけろ」と言っている。

なお、この現場は比較的含水量が多く、緩い砂質土の盛り土法面であったが、**写真-6.2**の通り、鉄筋挿入工はその効果を十分に発揮することを示している[4)]。

切り土法面や自然斜面の災害についても同様である。地質とその構造に概ね支配されるため、被災履歴のある法面の隣接周辺をマークすることは、より大切であると考えられる。

図-6.1は、中国地方の高速道路における大規模災害発生分布図である。これを見ると、ある特定の地域で群発していることが理解できよう。地質は、山口県西部と山陰沿岸部の新生代第三紀～第四紀初期の火山岩、砕屑岩などの堆積層および中生代の砕屑岩、火山岩の堆積層分布地域に集中している。また、建設中を含め過去に被災履歴がある法面は、再び問題を起こしやすいと言える。

これは、中国地方に限らず全国でも同様である。一旦崩壊した法面が二度と崩壊しないように対策を講じることは技術者の重要な任務の一つであるが、現実的には“前歴”を持ち、再び崩壊する法面がかなり多い。表現は悪いが「“前歴”のある法面は問題を起こしやすい[5)]」ということも改めて付け加えたい。

6-5 斜面のモニタリング（動態観測）項目は変位、圧力、振動そして降雨量

斜面崩壊の事前予測を計測（モニタリング）によって行う手法は、新機種の開発と計測技術の改善などによって、目ざましい発展が見られる。しかし、これは「ハード」面の開発であり、それを受け取る管理者側の「ソフト」面は、経済面および労務（人材・労働力）面の事情も重なって、いまだ多くの問題を残している。斜面管理者は計測機

表-6.2　動態観測の計測内容と用途

計測項目	計測内容	計測センサー	長期予測	中期予測	短期予測	備考
地盤変位	地表面変位	光波測距	○	○	－	•降雨などに不利 •測定者の技量による
		GNSS	○	○	△?	•電波受信状況による •即時性に課題
		伸縮計	○	○	○	•方向性に依存
		傾斜計	○	○	○	•管理基準値に課題 •温度補正が必要
		光ファイバー	○	○	?	•管理基準値に課題 •適用例が少ない
	地中変位	坑内傾斜計	○	○	△?	•手動計測が主体 •長期（変動）観測は困難
		パイプひずみ計	○	○	○	•管理基準値に課題 •すべり深度確認には適す
圧力	土圧	土圧計	○	○	△?	•構造物に作用する土圧 •マクロ対応には難
		アンカー荷重計	○	○	△?	•グラウンドアンカーに適す
	水圧	地下水位計（水圧計）	○	○	－	•孔内水位での計測
		間隙水圧計	○	○	△?	•管理基準値に課題 •すべり面での水圧
振動	弾性波	地震計	○	－	－	•管理基準値に課題 •振動エネルギーに課題
	常時微動	振動計	○	○	－	•管理基準値に課題 •解析精度に課題
	音波	AC計	－	－	△?	•管理基準値に課題 •解析精度に課題
降雨	雨量	雨量計	○	○	○	－

器の特性を理解し、余計な（エラーの出やすい）計測器を排除し、必要かつ十分な計測配置と、効率の良いモニタリングシステムを構築する必要がある。

崩壊時期の予測も長期・中期・短期の時間の緊急度（時間的な逼迫度）によって計測手法、機器の種類などが異なる。**表-6.2**は、計測項目の分類と、その緊急度に応じた計器の種類の適応性を示したものである。

緊急度の高い短期予測には、やはり従来から用いられてきた地表面変位（＝地すべり伸縮計）、および地中変位（＝孔内傾斜計）を中心に、できるだけ自動計測の仕組みを取り入れて、情報をリアルタイムで入手するシステムの構築が必要である。なお、同表に挙げた他の計器類（圧力・振動に関する計器）は決して無駄なものではなく、特に中長期の予測には欠かせないものと考えてよい。なお、「圧力」は6-12、6-13項を、「振動」は6-14、6-15項を参照されたい。

さらに、中期・短期予側に最も欠かせないのが降雨情報である。本来、個々の斜面に雨量計があり、リアルタイムで情報が入ってくるのが理想的であるが、近年はレーダー雨量計でそれをカバーする技術も発達している。

6-6 急勾配の斜面ほど崩壊までの時間的余裕がない

小寺ら[5)]は、斜面崩壊の前兆現象として、崩壊事例を基に①渇水や湧水、②小規模な崩壊や落石、③クラックや段差、④沢水の濁り、⑤異常な音 —— を挙げている。斜面や法面に亀裂や落石などの予兆が発見されれば、管理者は直ちに現地に直行し、善後策を講じるのが一般的である。これは時間との勝負となる。

図-6.2は、亀裂などの前兆現象が発見された斜面が、その時点から崩壊を起こすまでに要した時間と、その場所の斜面勾配との関係の実績を示したものである。この図から、左上側の急勾配斜面ほど、崩壊までに時間の余裕がないことが分かる。それだけ人が逃げる余裕がなくなり、人身事故に発展する可能性が高いことになる。一方、60度程度より緩い斜面の崩壊の前兆は、数日～数年間の余裕があり、何らかの対策や観測ができる可能性がある。

即ち、勾配が1：0.8以上の比較的急傾斜の切り土法面でも、適切な計測機器などによる監視を行えば、施工時のリスクを軽減することが可能だと思われる[6)]。

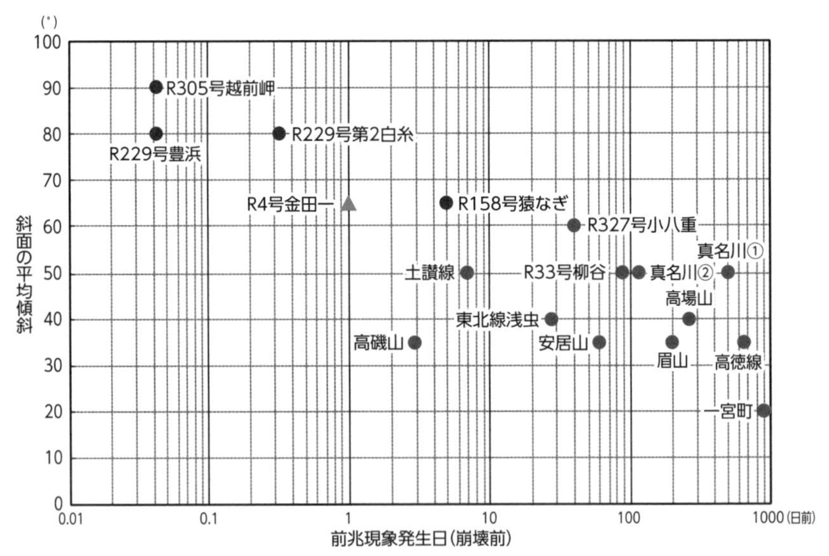

図-6.2　斜面傾斜角と、崩壊前兆現象から崩壊までの余裕日数の関係[5)]

6-7 どこで動くか分からない場所ではまずは安価な計器を多点に配備

明瞭な地すべり地形や急傾斜崩壊性地形ではない箇所では、想定される変状範囲のジャストポイントを決めることが難しく、どこにセンサーを配置してよいか分からない場合が多い。こうした現場では、比較的安価な地表面傾斜計を多点に「ばらまいて」配置するのも一案である。**図-6.3**は、地表または表層に傾斜計を多点に配置し、得られたデータを子機から親機へと伝達する「多点計測システム」の一例を紹介したものである。

傾斜計はもともと、地盤の変動を回転角度で示すもので、直接移動量を計測する機器ではなく、むしろ地盤の変形の性状を表すものと考えてよい。

図-6.4は、地すべりや崩壊の初期の地山の変状を、地表面の回転方向で表現したものである。

(a)の地すべりの場合は、滑落領域直近は谷（下流）側に回転し、陥没帯では上下まちまちに回転、地すべり末端の受動領域は上方に向かって逆に回転するという性質

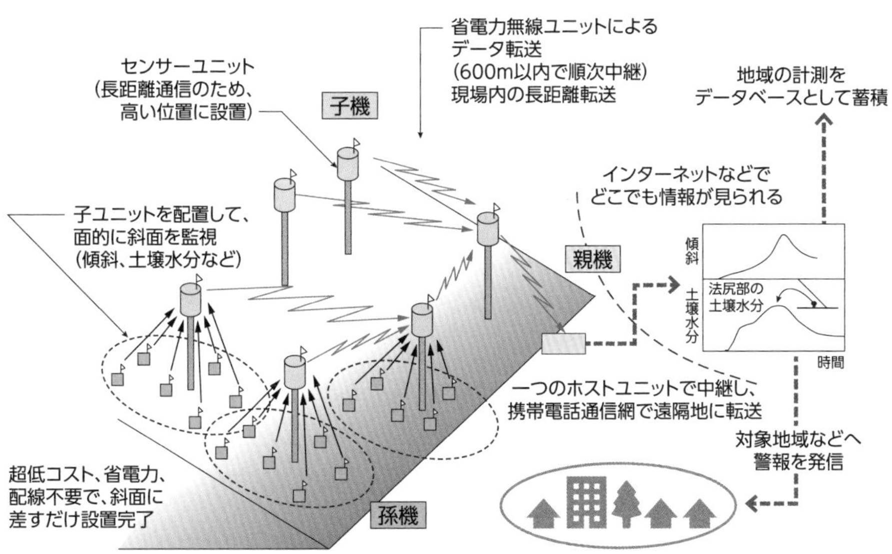

図-6.3　多点計測システムの概念図[7)]

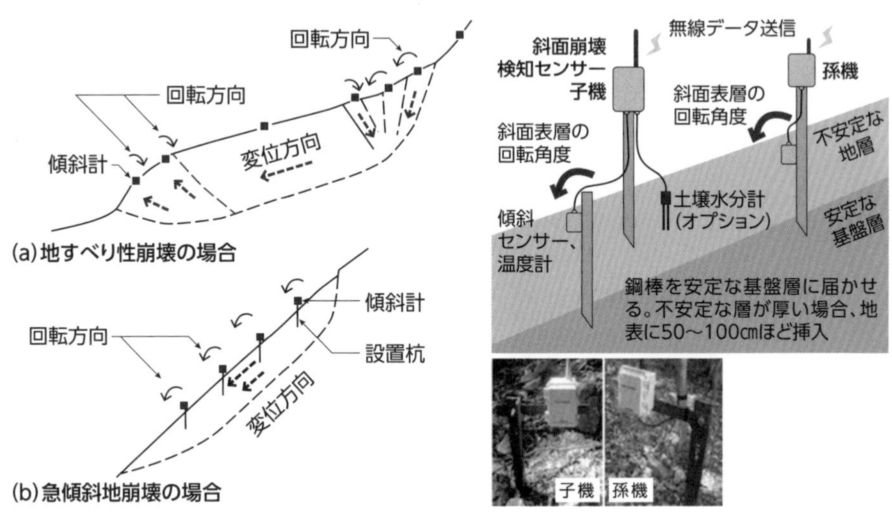

図-6.4　地表傾斜計の配置例と傾斜(回転)方向の概念[7),8)] (奥園加筆)

を持っている。従って、変状初期の段階でも、回転方向で地すべりの概要を把握できる可能性がある。

(b)の急傾斜地で崩壊の恐れのある場合は、鉛直に深さ1m程度のパイプを打ち込み、頭部に傾斜計を設置する。崩壊直前の変位は地表ほど大きく、深部ほど少ないため、パイプは下流に向かって前倒しの回転がかかる可能性が高い。

内村らは、前述の**図-6.3**、**図-6.4(b)**の方式で、各地の崩壊実測データを基に傾斜角の変化速度（角速度）を求め、**図-6.5**に示すような斜面崩壊に対する管理基準値を提案している。

①変位速度（角速度）⇒ 0.01（度/時）を超えたら要注意

②変位速度（角速度）⇒ 0.10（度/時）を超えたら早期に警告発令

また、広域の地すべり変状を把握する場合、GNSSや合成開口レーダーを使用する事例も増えてきており、精度の良い解析結果が得られている。人工衛星によるセンシング技術の進歩は目ざましいものがあり、今後の活用が期待される。

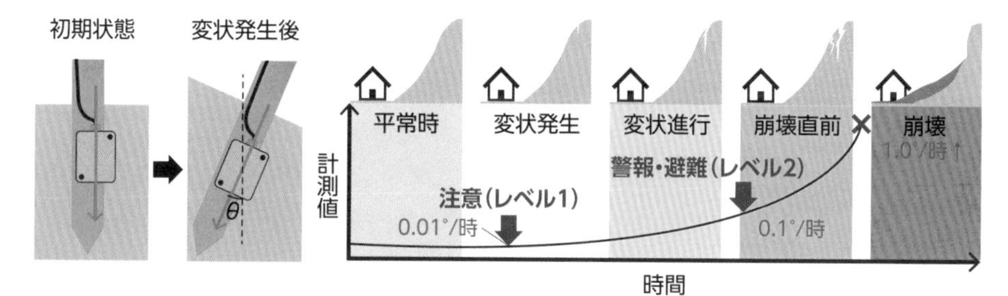

図-6.5　地表傾斜計の管理基準値の例[6),7)]

6-8
一定の深さに明瞭なひずみを確認したら「地すべり」の仲間入り

斜面は常に上方から下方に向かって応力がかかっており、いくらかの変位（重力性クリープ変位）があってもおかしくないと考えてよい。問題は、それが地すべりや崩壊につながっていくかどうかである。

図-6.6は、斜面に孔内傾斜計などを設置して、深さ方向の地中変位の進行過程を示した概念図である。図の**(b)**列は、自然斜面で山側から地下水などの影響を受けて、下流側に向かって主動土圧がかかり、山側から変位が進行してくる過程を示している。

一方、**(a)**列は下方の切り土掘削などによって受動土圧が減り、下方（左側）から変形を誘発する過程を表している。

いずれの場合も、図の1段目①の段階は弾性変形の状態で、特に問題はない。変位が進んで②に進むと弾塑性段階になり、要注意の状態に入ったと考えられ、詳細調査と概略対策の検討が必要になる。

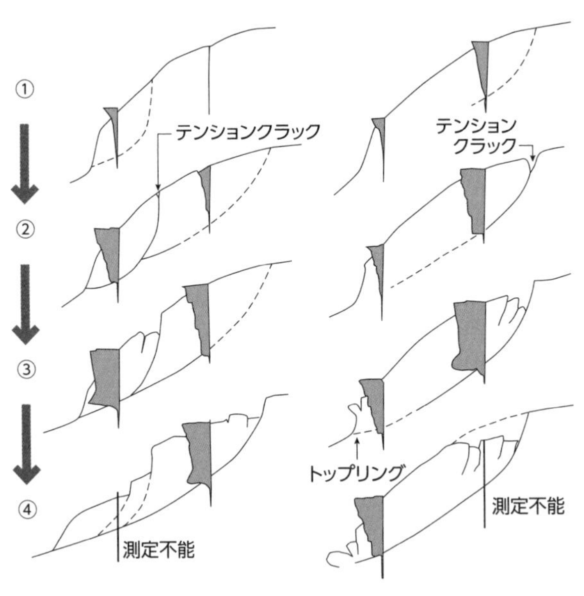

図-6.6　孔内傾斜計による地中変位とすべり面形成過程の概念（奥園原図）

さらに、③の状態になると、地表面に変状（ふくらみ、亀裂）が発現し、せん断面（すべり面）が形成されて地すべりや崩壊へと進行していくため、早急な対策が必要になる。

④は既に「地すべり進行中」という段階で、地表面や地中の計測が不可能になることが多い。急傾斜面で崩落の恐れのある場合は、計測よりも安全対策のほうが重要となる。

6-9 引っ張り亀裂の変位が圧縮に変わったらさらに上方からの二次すべりを疑え

図-6.7は、第三紀層の切り土法面が二度にわたって大崩壊（地すべり）を起こした事例である。図に示す当初の横断図通り、ほぼ計画面まで掘削が進んだ段階で、下段から3段法面が一次すべり（崩壊）（①）を起こした。

急きょ、亀裂頭部に伸縮計（インバー線地すべり計）を設置し、最下段に押さえ盛り土（②）を施工し、恒久対策の検討を行った。この時、上方の切り土法面や自然斜面の踏査を行ったが、とりたてて変状は見つからなかった。そこで、恒久対策として図の通りアンカー（③）と鉄筋地山補強土工を施工した。

施工完了後、押さえ盛り土の撤去（④）が進むに従い、上部のコンクリート吹き付け面に無数の亀裂が見られた。同図の通りボーリングを行い、孔内傾斜計による変位計測を行った結果、深部に大規模な地すべり（⑤）が確認された。急きょ、押さえ盛り土を元の高さまで再施工（⑥）し、最終的な恒久対策として、大規模な上部排土（⑦）を行うことになってしまった。

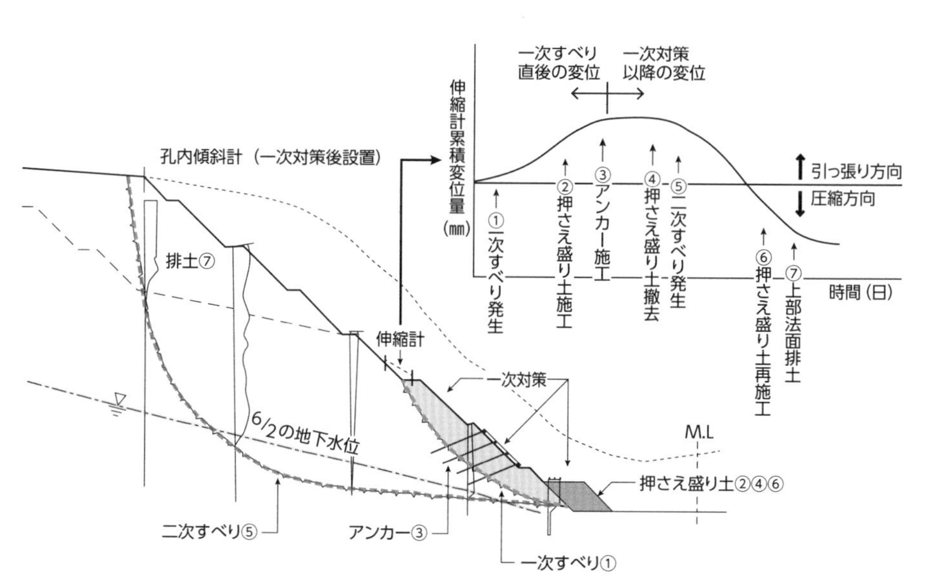

図-6.7　一次すべり～二次すべり間の対策と地表面変位の関係

地すべりや法面崩壊が発生した場合は、まずその動き（変位）を計測し、安全を確かめたうえで復旧対策を講じる。その後、一般には応急処置を施しながら、同図のように一次すべりの頭部に、開いた引っ張り亀裂や陥没帯を跨ぐようにして伸縮計などの計器を設置する。この時の変位の傾向と経緯を確かめることが肝要である。

同図の右上のグラフは、伸縮計に表れた変位の実測に基づく概念図である。図の通り、変位が当初の引っ張り傾向から対策後に圧縮傾向に変わり、それが累積傾向を示してきたら、さらに後ろから二次すべりの土塊が押し寄せて来ていることを疑わなければならない。この「引っ張り傾向から圧縮傾向への転換時期」が、二次すべりの早期発見のポイントとなる。

6-10 変位速度の逆数を経過時間で整理すれば地すべりによる崩落時刻を予測しやすい

地すべりが進行して変位が計測されるようになれば、計測データを時系列に整理する必要がある。**図-6.8**は、地附山（長野市）の地すべり変位記録を整理したものである。図の点線で示す線が変位をそのまま時系列に表したもので、これは二次曲線（双曲線）に近い曲線となる。このデータから変位速度を求め、その逆数（つまり1.0cm動くのに何分かかるか）を計算し、同様に時系列に表したのが図の折れ線である。

この線は、ほぼ直線状に右下がりに横軸に近づいていくことが分かる。この線が横軸に達する（つまり変位速度の逆数が0となる）時刻が、求める崩壊時刻ということになる。これは軟弱地盤における圧密沈下実測曲線から最終沈下量を推測する手法「双曲線法」に類似している。

地すべりが進行し、崩落時期を予測する必要段階（概略10mm／日以上の変異）になったら、同図のような変位の逆数線を作成し、直線状に並んでいれば、その延長が横軸と交わる時刻を崩落時期として、以後の対策の意思決定の一助とするとよい。

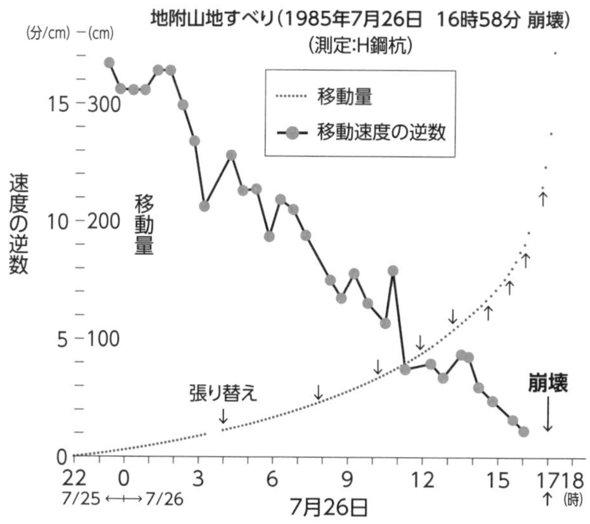

図-6.8　変位計測による地すべり崩落時期の予測例（移動量曲線と移動速度の逆数曲線）[9]

6-11 地表面変位速度の管理基準の目安は1日当たり1.0mm・10mm・100mm

地すべり運動は進行に伴って速度を増し、ついには崩壊（崩落）に至ることが多い。この場合、移動速度の変化から、6-10項で述べたような方法で崩壊時間を推定し、安全管理のための事前対策を講じることが可能である。これを単純に、その時点での変

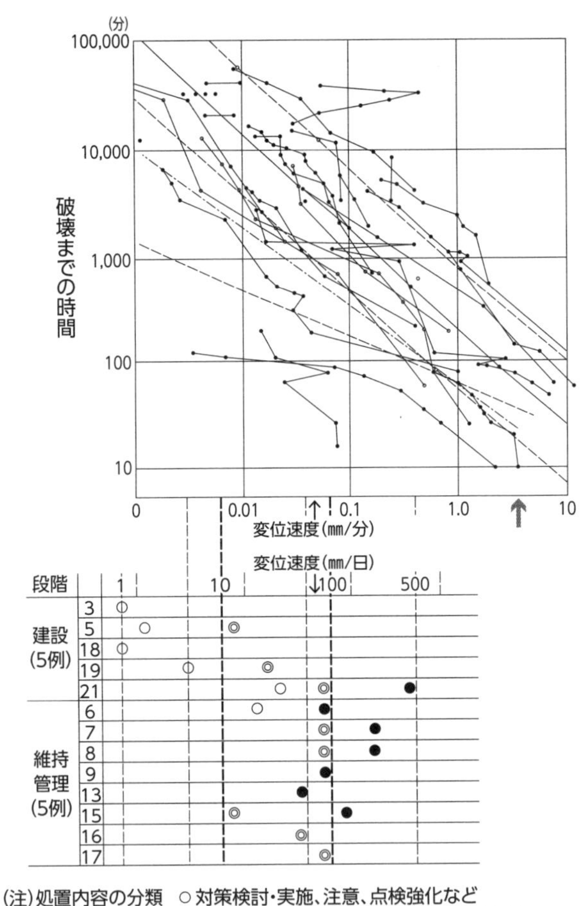

図-6.9　地すべり変位速度と崩壊（崩落）までの余裕時間および各機関の対応[10),11)]

位速度だけで対応できないか考えてみたい。

図-6.9の上図は、過去に崩壊に至った地すべりにおいて、そこで計測された変位速度（横軸）と、それぞれの崩壊に至るまでに要した時間（縦軸）との関係を示したものである。図でも分かるように両軸ともに対数目盛で、両者の関係は1～2桁のオーダーでばらついている。地すべりによって個性があることを物語っているものの、両者の関係がほぼ直線で表されることは確かなようである。

図-6.9の下図は、各機関の道路建設現場や維持管理現場における地すべり管理基準値を整理したものである。この事例を大略的にみると、1日当たり①1.0mm以上で要注意・対策検討・点検強化、②10mm以上で作業中止・厳重警戒、③100mmを超えたら住民避難・通行止め――という管理基準値が設定されていることが分かる。なお、上図と下図とで横軸のスケールをそろえている。

6-12 過緊張アンカーが見つかったら飛散防止→周辺法面調査→アンカー増設

アンカーの「過緊張」とは、地すべりや斜面崩壊の前兆として、地山の土圧や水圧が増すことによって、既設のアンカーにかかる荷重（軸力）が設計荷重を超えた状態を指す。一般には、設計荷重の120%を超えたら要注意、130%を超えたら飛散防止対策を実施し、早急に周辺法面や斜面の変状調査を行い、次の補強対策の検討に取り掛かる必要がある。さらに、降伏荷重（約140%）を超えたら早急にアンカーを増し打ちし、緊張後に過緊張アンカーの除荷（緩める）を行う必要がある。

一般に、鋼棒タイプは一度に切れるため飛び出しやすいが、鋼線タイプは徐々に切れていくので飛ばないと言われている。しかし、筆者は鋼線が50m先まで飛んだ現場を見た経験がある。**写真-6.3**は、飛散防止を行った後にアンカーが破断し、飛散を未然に防いだ例である。

写真-6.3　アンカーヘッドの飛び出し（飛散）防止対策の例

6-13 端部に過緊張アンカーが集中する場合その外側の空白地帯にもアンカーが要る

斜面変状のモニタリング項目の一つに圧力の計測があり、具体的には水圧と土圧の測定が考えられる。既設のアンカーに、いまどのくらい圧力がかかっているかが分かれば、地山から受ける応力の一面を知ることができる可能性がある。つまり、アンカーが受けている軸圧を、荷重計（ロードセル）やリフトオフ試験によって確かめるわけである。

図-6.10は、切り土法面における既設アンカーのリフトオフ試験結果（軸力分布状況）を、法面展開図の一部に示した例である。この図では、右端に異常な過緊張アンカー（定着時緊張力の120%以上）が集中しており、その外周を含めた領域（赤色破線内）に不安定領域が広がっている。つまり、アンカーを“欲しがっている”領域があると判断できる。

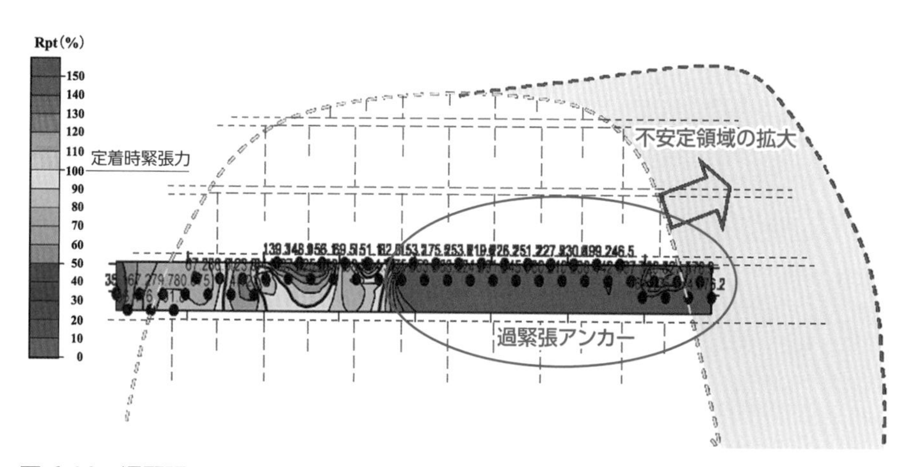

図-6.10　過緊張アンカーの分布域と不安定領域の拡大概念[12]（奥園、下野加筆）

6-14
地中の振動（AE）計測は岩盤地山変状予測に有効なことがある

砂質土や岩盤の地山が崩壊する際、直前から振動が発生すると言われている。この振動を事前にキャッチできれば、崩壊を事前に予知できる可能性がある。「アコーステイックエミッション」（AE）と呼ばれる技術である。分かりやすく言うと、地中にマイクロフォンを埋設し、一定のレベル以上の音（振動）を捉え、その回数の時間的な推移を追跡する方法である。

図-6.11は、岩盤から成る急崖が崩壊するまで測定した変位（図の上段）と、併せて同時に測定したAE（図の下段）の記録である。時系列で見ると、上段の変位は前述の傾向と同じく放物線状に加速して崩壊に至っている。一方のAEは、崩壊4時間前から振動が記録され始めているが、不規則で、本当に激しく「身震い」し出したのは15分前からである。つまり、この情報は「予知」というよりも、崩壊初期現象の「検知」と言うほうが適切かもしれない。

AEは、設置しても他のノイズに邪魔されたり微小信号をセンサーが受信できなかったりと、実は成功例のほうが少ない。本事例のようにうまく捉えられた事例は公表されるものの、その陰にはうまくいかずに棄却された多くのデータがあることも、知っておく必要がある。

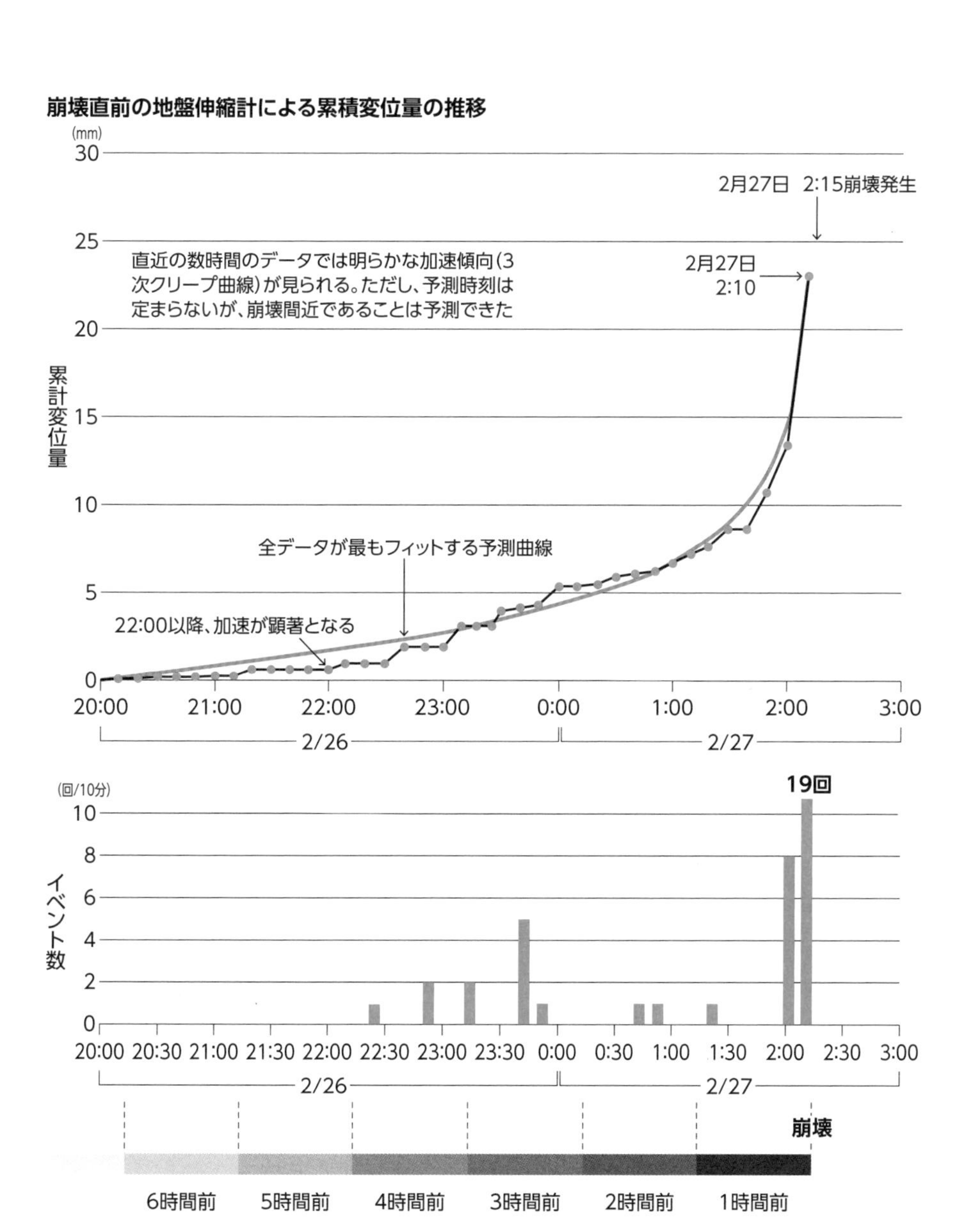

図-6.11　崩壊直前のAE発生数の推移(天鳥橋西地区の崩壊例)[13]

6-15 落石予備群の仕分けは転石頭部の振動（揺れやすさ）から

斜面上方にある大きな浮き石や転石が「抜け落ちやすいか」「根のある石か」を知ることは、下部の人家や道路を管理するうえでは重要な課題である。一見して危険な石は誰が見ても分かるが、下半身が土中に隠れている場合は、その危険度は意外に判別しにくい。高速道路総合技術研究所では、室内模型実験や現地計測データに基づき、落石予備群の振動特性から、安定性を定量的に評価する方法を追求してきた。

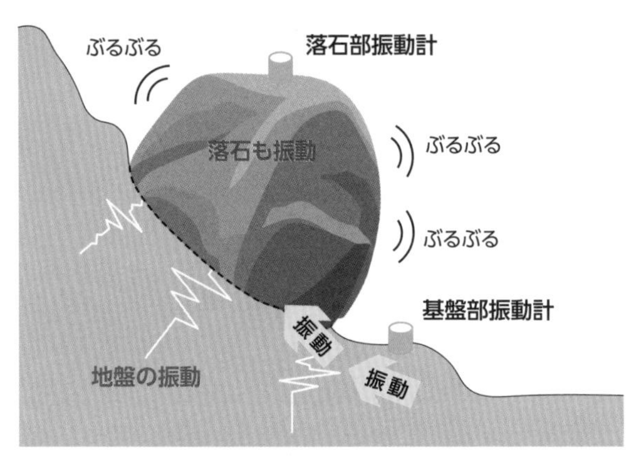

図-6.12　地盤振動測定による浮き石・転石の安定度調査計測システムの原理[14)]

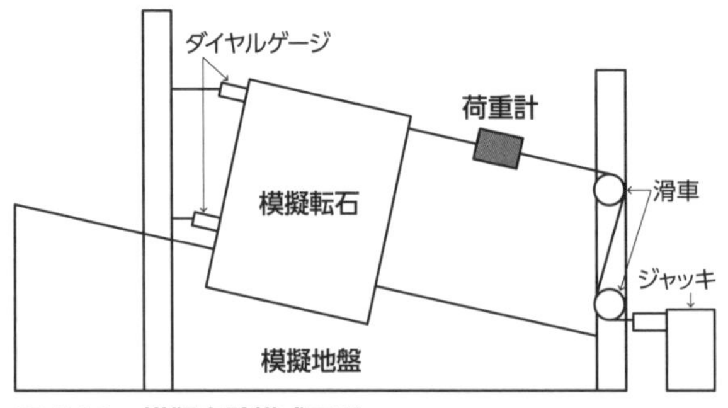

図-6.13　模擬実験模式図[15)]

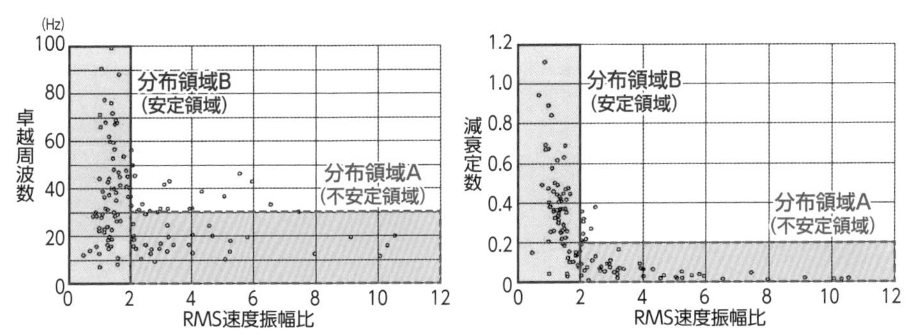

(a) RMS速度振幅比と卓越周波数を用いた危険度判定　(b) RMS速度振幅比と減衰定数を用いた危険度判定

図-6.14　浮き石・転石振動分析結果と安定状況の関係[14)]

図-6.12に示すように、転石の頭とその直近の基盤（なるべく岩盤）とに振動計を取り付け、同時に地盤振動を計測する方法である。振動には、常時微動または遠方から来る車の振動を利用した。一方、現場での転石処理施工時に、石の安定（または不安定）状況を確認した。また、室内模擬実験では、**図-6.13**に示す様式で振動測定を実施した後、引き抜き試験を行った。

こうして求めた振動特性と石の安定性との関係を**図-6.14 (a)**、**(b)**に示す。横軸のRMS（Root Mean Square）速度振幅比とは、浮き石部と基盤部のそれぞれの振動の振幅の平均（2乗した値の平均値の平方根）を求め、両者の比で表したもので、頭部の揺れやすさを示す指標と考えられる。縦軸は、**図 (a)**では卓越周波数＝転石頭部がゆっくり揺れるか否かを、**図 (b)**では減衰定数＝頭部がいつまでも揺れるか否かを、それぞれ表す指標と考えてよい。

これらに石の安定条件を入れると、図中の区分のようになり、いずれもRMS速度振幅比が2を超えると不安定領域（A領域）に入り、抜け落ちやすい石ということになる。

図-6.15は、落石多発斜面の現場での、転石処理（安定化）工事の進行段階における振動計測結果である。やはり工事の進捗（写真1～3）に応じて、振動特性も図の安定領域（図の1→3方向）に移動していることが分かる。

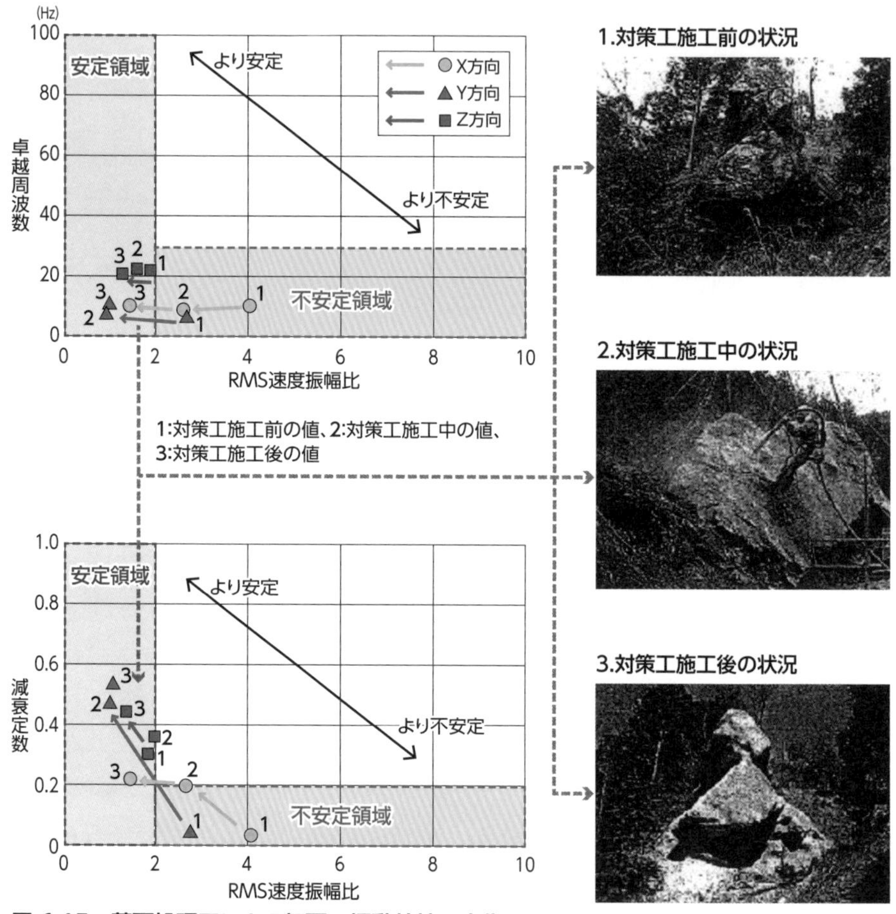

図-6.15　落石処理工による転石の振動特性の変化[16)]

6-16 モニタリング結果の判断は各種計器の管理基準値を比較し総合的に

6-7～6-15項において、斜面の変位などをモニタリング（計測）しながら、その安定状況を予測する手段を述べてきた。この場合、単純に一つの計器のみによる情報での判断で将来を予測するのは、誤差も多くリスクも高いことに留意することが重要である。やはり複数の種類の計器からの情報で、総合的に予測すべきであろう。

表-6.3は、道路を対象として、これまでの実績に基づく大まかな総合的判断の一例を示したものである。表題の通り、各種計器の性能を理解し、同表の管理基準の日安を踏まえて解釈し、総合的に判断すべきである。

表-6.3　高速道路における変位速度と管理基準値の例[17]（奥園、下野加筆）

計測機器	管理基準値の表記法	対応区分			
		点検・要注意または観測強化	対策の検討	警戒・応急対策	厳重警戒・一時退避
伸縮計 地中伸縮計 光波測距儀	継続日数とその間の変位速度	5mm以上/10日	5～50mm/5日	10～100mm/1日	100mm以上/1日
孔内傾斜計（挿入型）	継続日数とその間のすべり面付近の変位速度	1mm以上/10日	5～50mm/5日	−	−
パイプひずみ計	累積	100μ以上	1000～5000μ	−	−
地表（表層）傾斜計	変位速度	−	−	0.24°以上/1日（0.01°以上/時）※注意喚起	2.4°以上/1日（0.1°以上/時）※早期警戒
アンカー荷重計	残存緊張力	設計荷重比120%超過※または定着時緊張力比80%を下回る	許容アンカー力超過または定着時緊張力比60%を下回る	降伏荷重比90%超過または定着時緊張力比10%を下回る	−

※アンカー荷重が設計荷重比120%超過または許容アンカー力が超過する場合の対応区分は「警戒」とする
（注）アンカー荷重計による残存緊張力は、その計測効果が対策工全体の機能低下に直接影響しない場合がある。従って、その他の機器による計測結果やアンカー健全度調査などを実施して、総合的に判断する必要がある

6-17 崩壊直前の現場における状況判断は先人の経験則やノウハウが決め手に

計測機器に頼らず、現場の状況だけから斜面災害を事前に察知するのは「名人芸」に等しい。この場合、現場に精通した経験豊富な技術者の、ある意味では職人的な勘に負うところが多い。とはいえ、多くの不特定多数の斜面を抱えた道路や鉄道、宅地などの管理者にとっては、経験の少ない技術者の点検に頼らざるを得ないケースは多い。この場合、過去の事例から災害発生直前の情報を整理・集約して、それを参考にして現場点検するしかない。

表-6.4は、過去の事例から、災害直前の現場の現象をまとめたもので、「先人訓」とも言えるものである。同表の土石流と地すべりについては、（公社）土木学会斜面工学研究小委員会がまとめたものに、筆者が若干手を加えた。また、斜面崩壊について

表-6.4　斜面災害発生直前の現象[18]（奥園、下野加筆）

分類	地すべり	斜面（法面）崩壊	土石流
水 泥土 流水	•斜面・地表面から水が噴き出す •井戸や池の水位が急に変わる •沢や井戸水が急に濁る	•湧き水、流水の量が急増する •水路や側溝の水があふれる •泥水や濁水が流出する •擁壁などの目地や水抜き孔から水（濁水）が吹き出す •泥土、土砂が流出し、堆積する	•沢、河川の水位が一旦下がる •流水が濁る •草木が流下する •白雨（水塊?）が発現する
変形	•斜面・地表面に亀裂、陥没、隆起、段差が見られる •法尻や斜面下部の構造物（建物、ガードレール、フェンス、電柱など）が傾く •盤ぶくれ（隆起）が見られる •樹木が傾く	•斜面・法面のはらみ出しや平地の盤ぶくれが見られる •法面や小段に亀裂、ずれ、ガリー（掘れ溝）が顕著になる •小段や道路面に小石や草木が落下し、堆積する •落石が頻発する •法尻（斜面末端部）が飽和し、ぬかるみ状態になる •法面や斜面上部の草木が倒れる •法尻や斜面下部の構造物（建物、ガードレール、フェンス、電柱など）が傾く	•渓流上流部の斜面で崩壊の予兆現象が見られる（ただし、これは確認しにくい） •斜面上方の雲に渦巻姿が見られる •上部斜面の斜面樹木に揺れや倒れ込みが見られる
音	•わずかな地鳴り、破裂音、落石音、流木のきしみ音が発現する	•地鳴り、破裂音、落石音、流木のきしみ音が発現する	•地鳴り、落石音、岩石衝突音、流木のきしみ音、流木の裂音が発現する
におい	–	•泥臭、草木の（腐食）臭、焦げ臭が発現する	•泥臭、草木の（腐食）臭、焦げ臭が発現する

は、旧・高速道路技術センター（2009年に財団法人高速道路調査会と合併）が、過去に高速道路で崩壊した斜面（127件）において、崩壊の瞬間に立ち会った技術者に、崩壊直前の現場の状況を思い出してもらって、アンケートに答えていただいたものを中心に、これも筆者が手を加えたものである。

この表の中で、地すべりのように、崩落までに変位が比較的長く続く場合は、計測機器に負うところが大きいが、斜面崩壊は崩落までの時間的余裕が少ないため、緊急に直前現象を的確に把握して、災害から身を守る対応を講じる必要がある。さらに、土石流の直前予知は、上流の源頭部（崩壊発生源）に近い渓流の土砂流検知がポイントとなるが、これは現在の技術で把握するのはなかなか難しい。

以降、6-18〜6-21項では、比較的判断しやすい事象、なかでも「降雨時の湧水·流水」「斜面の亀裂·路面（下部の平地）の盤ぶくれ（盛り上がり）」「落石などの事前小崩落などの事例」について解説していく。

6-18
斜面からの流水・湧水・濁水は「崩壊近し」のサイン

写真-6.4は、異常降雨時に上部からの水が法面を滝のように流下している状況で、表層が既に下方にずれ始めている状況である。

写真-6.5は、豪雨直後の切り土法面上のブロック積みの水抜き孔から、地下水が噴き出ている状況で、飛び出した多量の水が側溝をあふれんばかりに音を立てて流れている。この法面は、撮影の数分後に大崩壊を起こした。両事例ともに、流水は濁水であった。

写真-6.4　崩壊直前の流水状況

写真-6.5　崩壊直前のブロック積み水抜き孔からの湧水状況

6-19 法面のはらみ、擁壁の亀裂、路面の盤膨れは崩壊が始まっている合図

写真-6.6は、6-18項の**写真-6.5**で紹介した切り土法面の直近上部の、ブロック積み擁壁に入った亀裂の状況である。ここでは、監視員が見ている前でみるみる亀裂が進行していき、最後は**図-6.16**のような大崩壊に発展した。また、前項の**写真-6.5**と**写真-6.6**の崩壊前の撮影位置は、**図-6.16**に示す通りである。まさに、命がけで撮影した写真と言ってよい。

写真-6.7は、切り土法面下方の法尻の平場（側道）に発現した盤ぶくれ（隆起＝は

写真-6.6　ブロック積み水平亀裂の状況（崩壊直前）

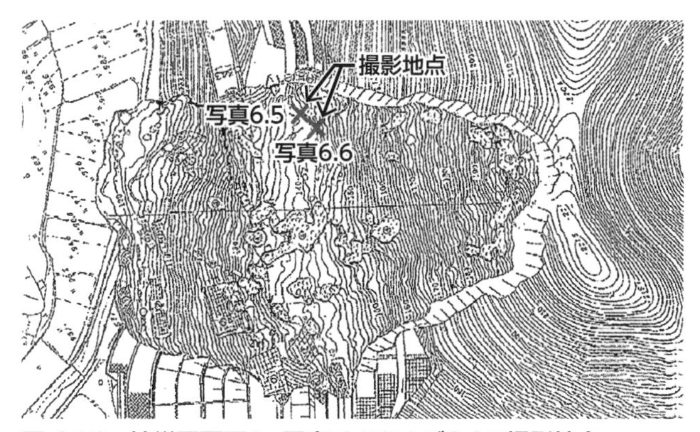

図-6.16　被災平面図と、写真-6.5および6.6の撮影地点

写真-6.7　側道部の隆起（盤ぶくれ）と亀裂の状況

写真-6.8　地すべり性変状による上部滑落状況

写真-6.9　地すべりに伴うテンションクラック（陥没）と木の根の異常緊張

らみだし）の例である。完成後の法面部分は、保護工でしっかりと覆われているため伐採未了時点での点検では変状を見逃しやすいが、側道や小段などの平場は、人が立ち入ることが容易なので早めに発見しやすいという傾向がある。本現場ではこの後、**写真-6.8**のような崩壊が発生している。

以上は地すべり性大崩壊の事例であるが、このようなケースでは、斜面頭部に登れば、**写真-6.9**に示すような引っ張り亀裂や陥没が見つかることが多い。こうした場合、木の根が異常に緊張し（ピンピンに引っ張られ）、これが「プツプツ、ピシピシ」と切断される音が聞こえることがある。これは変位が進行している証拠である。

6-20
落石の累積・落下頻度の増加は崩壊が迫っている証拠

筆者の前著「斜面防災100のポイント」では、「小石パラパラ崩壊近し」と述べた[19]。これは、地すべりのようにゆっくり変形していくものでも、少しの変形で斜面の傾斜角が変わると、表面の石の据わりが悪くなり、落石が始まることを述べたものである。特に、通常落石の少ない（例えば40度以下の緩勾配）箇所などで落石の散乱が見られたら、崩壊は時間の問題であると考えてよい。

図-6.17は、ある大崩壊を起こした地点で、その崩壊に至るまでにカウントされた落石の累積回数の経時変化を示したものである。

上野[20]は、「崩壊予測法の根底にあるものは、最終破壊が起こる前に変形が加速的に増加する」という考え方から、落石の頻度が増すことに着目することで、岩盤崩壊時期を予測できるのではないかという仮説を立てた。そこで、監視中の落石発生の時刻、箇所、個数の観察を続けた。監視は、離れた場所からトランシットで続け、**図-6.17**のような結果が得られた。この図からも、崩壊が近づくに従って、急激に落石の頻度が増加することが分かる。

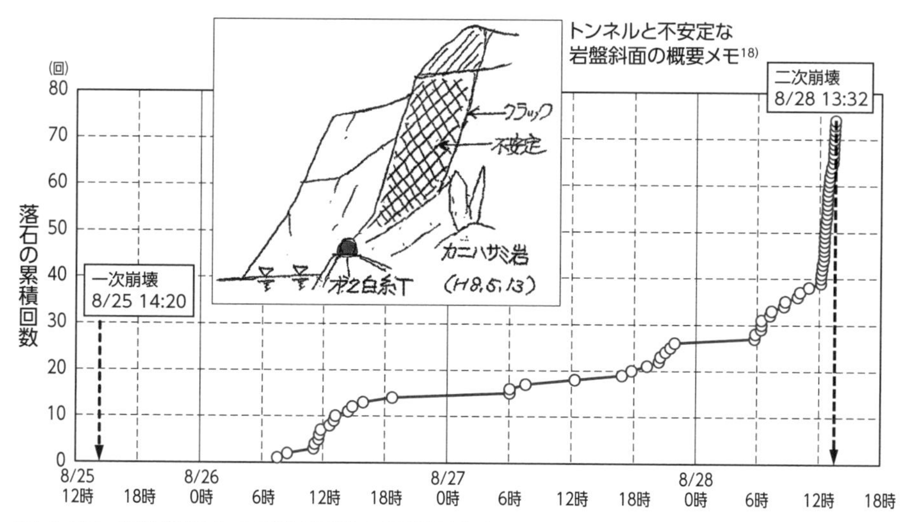

図-6.17　二次崩壊までの落石回数の累積曲線[20]

6-21 法面直下の平場を清掃しておくと上部の崩壊位置と前兆を捉えやすい

切り土法面が崩壊する前には、少量の小石や土、草木の枝葉が落ちてくることが多い。従って、法面の下の平地（法尻の路面や法途中の小段）には、落ちてきた土石や枝葉がたまることになる。当然ではあるが、排水構造物にたまったものは清掃しておくことが基本である。

この落下物や流下物が少ないうちに気がつけば、本格的な崩壊の前兆現象を早期に捉えることができる可能性がある。従って、それらの平地は常に清掃して、その後の落下物か否が区別できるようにしておく必要がある。

写真-6.10は、小段をコンクリートでシールした事例である。写真手前に、その後に落ちてきた多数の破片が散らばっている。この地点の上方法面にも、まだ崩壊予備物質が存在していると考えられる。

写真-6.10　表面剥離により生じた剥離片の落下

6-22 二次災害を防ぐための災害後の現場立ち入り4原則

(1) 側近の上方に見張りをつけよ!
(2) 崩壊後すぐに入るな!
(3) 現場には逃げ道を確保して入れ!
(4) 閉塞現場に大勢入るな!

斜面災害は一度崩壊が起こると、その後、継続して二次、三次の崩壊が起こることが多い。これは、地震が起こった後の余震に類似している。土砂崩れなどの災害の後、すぐに被害者の救出や後始末、復旧対策などのために現場に立ち入ると、二次災害に巻き込まれる恐れがある。

ここでは、筆者(奥園)が関わった道路法面災害の緊急対応時に受けた、二次災害の例を紹介する。

1998年秋、豪雨によって切り土法面で小崩壊が起こった。崩壊の拡大を防ぐため、直ちにブルーシートを張りに作業員3名が現場に入った。この時の状況と人員配置を**写真-6.11**と**図-6.18**に示す。見張り(監視員)は、少し離れた最上部に立っていたようである。

その直後に、**写真-6.12**に示す大きな崩壊が発生した。最初の写真に写っていた3名のうち2名が生き埋めになり、1名が重傷を負ってしまった。

図-6.19に、その時の崩壊形状･被災状況および作業員の位置を示す。この事故は、最初の小崩壊から1時間たたないうちの出来事であった。この時作業員は、最初の小崩壊(予兆)から30分以内に現場立ち入り、その直後に2回目の本崩壊に出合って被災したことになる。

以上の事例から、以下次の反省点が得られる。

①崩壊地の上方側近位置に見張りをつけて、その後の変状を監視し、異変があれば直ちに現場入りしている作業員に退避命令を出す!

②雨が小やみになっても、崩壊後すぐに現場に入るな! 少なくとも3時間程度の間をおけ!

写真-6.11　一次崩壊（最初の小崩落）直後のシート張り準備状況

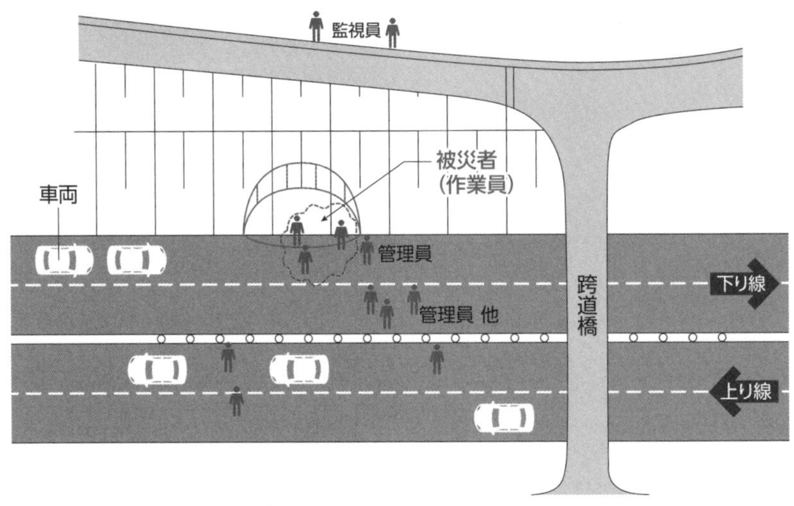

図-6.18　現場への立入り状況

③非常時の逃げ道を確保して入れ！　逃げ道は、土砂の流れの直角方向（横跳び逃げ）に！

なお、現場は異なるが、**写真-6.13**に示した通り、落石防護のための擁壁裏側のような閉塞された狭さく地（狭い場所）などは、逃げ場がないため一度に多人数の立ち入りは控え、厳重な監視の下に立ち入る必要がある。

本項は、調査を行うわれわれの人命に直結する大事な内容であるため、もう一つの

写真-6.12　写真-6.11の二次崩壊の状況

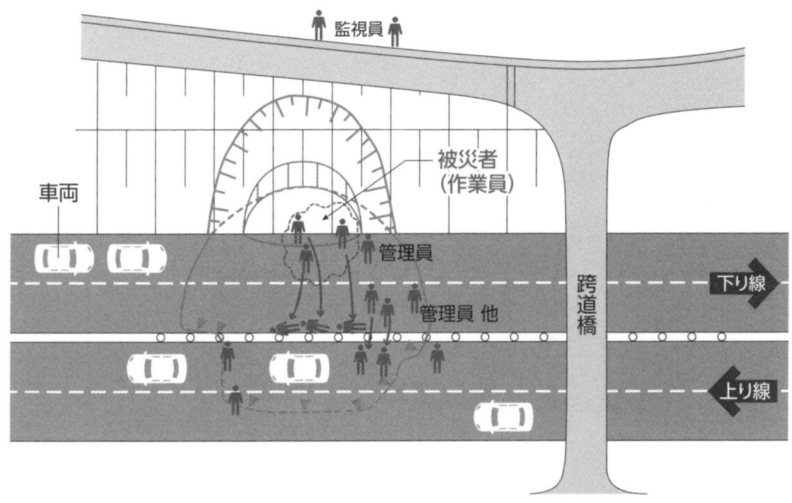

図-6.19　二次崩壊(被災)状況

事例として、「川崎ローム斜面崩壊実験事故[21)]」を紹介したい。

この事故は、1971年11月11日に、川崎市生田緑地公園内で行われていた斜面崩壊実験中に発生した斜面崩壊に伴う事故である。この実験は、試験地において実際に斜面に散水し、降雨を再現することで人工的に斜面崩壊を発生させ、どのくらいの雨量で崩壊が発生するかという基礎データを収集するものであった。四省庁の研究機関(科学技術庁防災科学技術センター、通産省工業技術院地質調査所、自治省消防庁消防研究所、建設省土木研究所。いずれも当時）の協力の下、関東ローム層で構成された台地における斜面崩壊に関する総合研究の一環として実施されたものである。この事故により、研究従事者および報道関係者ら15名が生き埋めとなり死亡した。

崩壊は、想定を超える規模で3回に分かれて発生したとされており、この実験に対する安全対策上の不備（監視体制、警報体制、退避路や場所の提示など）が十分でなかったことが指摘された。実験データは封印され、本来の防災に活用されることはなかった。そして事故の影響の大きさから、自然斜面での崩壊実験は長らく「タブー視」された[21)、22)]。本事故においても、まさに冒頭の注意点である（1）～（4）および反省点①～③が、重要なポイントであるとお分かりいただけるだろう。

なお、ここに掲げた事例において犠牲となられた方々に対し哀悼の意を表すとともに、惨事から学ぶことの重要性を今後も伝えていきたいと考えている。

写真-6.13　擁壁裏側の落石被災状況

6-23 「下からすくうな、上から落とせ」崩土の始末で上下同時作業は極力避けよ

万一、斜面が崩壊し、すぐに崩土を取り除かなければならない場合、原則的には**写真-6.14**のように下からすくい取るのは避けたほうがよい。崩壊土砂の下部を掘削すると上部の土砂が不安定になるのに加え、さらに上部からの土砂崩落を招いて掘削重機を直撃する二次災害の危険性があるからである。可能ならば**写真-6.15**のように、上部に重機を搬入して、上から順に排土することが望ましい。

写真-6.14　崩壊土砂の下部からの排土

写真-6.15　崩壊土砂の上部からの排土

しかし、生き埋めの被害者がいるような現場や、**写真-6.16**のように重機を斜面上に上げることが困難な場合は、やはり下から掘削せざるを得ない。この場合は、6-22項の冒頭の注意点である（1)～(4）および反省点①～③で述べた安全対策を徹底し、慎重かつ迅速に作業を進めなければならない。

写真-6.16　崩壊土砂の下部(側方)からの排土

6-24 守ってほしい！ 学識者の被災現場立ち入り時のマナー

大規模災害が発生すると、学識経験者が一斉に現場に殺到する光景が見られる。例えば地震の後、活断層調査と称して田んぼのあぜ道をわが物顔で踏査したり、緊急対応で現場が右往左往しているところに勝手に入り込んで写真撮影したりといったケースである。

斜面の災害現場でも、自然斜面は自由に出入りできると思われがちだが、そこも保安林などの斜面管理者が存在している場合が多い。特に、道路や宅地・鉄道の斜面などでの災害は、自然災害と思われる災害でも、管理責任が問われるケースがある。このような現場に、お呼びでない学識経験者やマスコミの人たちが訪れ、ピント外れのコメントがテレビや新聞に流れて、斜面管理者を憤慨させた事例は意外と多い。筆者らも、その火消しに追われたことは少なくない。

ここで、学識経験者が心得てほしいことを以下に述べる。

①できれば斜面管理者や持ち主（地権者）などの了解を得て現場に入る

②人命救助を行っている最中の現場側近には立ち入らない

③犠牲者が出た現場に入る場合、必ず手を合わせるか、帽子を脱いで黙とうをして入る

④自分の立場をわきまえる（自分の勉強のためならそのように行動してほしい。学識者は学識者らしく災害の原因追究に徹するし、経験者はそれらしく以後の安全対策について検討する）

⑤管理者から「委員会」などの正式メンバーとして依頼されていない場合は、目的と立場を明確にする

⑦学術研究会（学会）からの依頼で立ち入る場合は、その身分証明を明示する

⑧関係者には、あらかじめ立ち入りの目的などを説明し、許可を得る

⑨現場では、特に学識者には必ずと言ってよいほどマスコミが近づいてくるため、売名行為と誤解されないよう、対応は慎重に行う

⑩勝手な解釈を一般に公表しない

災害直後の現場は、新鮮で有用な情報に満ちており、防災に携わる技術者や研究

者にとっては魅力のあるものであり、大切な自己研鑽の場である。ぜひ、以上に述べたマナーをわきまえて現場に立ち入っていただきたい。

筆者は日本道路公団に在籍していた時代に、「医者が病死した人の死体解剖をすれば死因は比較的よく分かる。同様に、被災直後の現場に行けば、結果論的に崩壊のメカニズムや原因は俺でも分かる」などと、生意気なことを言ったのを思い出す。医者の場合、一見健康そうな人から病気を見いだすことが難しいように、崩壊を事前に予測することは筆者らにとって長年の課題である。学識経験者と言われる方々も、落ちる前の現場に足繁く通っていただき、災害の予兆を事前に見いだして、斜面管理者や住民に教えていただききたいと思っている。

技術の「刈り取り」も大事であるが、防災・減災の意識向上に対する「種まき」が大切である。

6-25 防災の事前対策は悲観的に準備し、被災後は楽観的に対処せよ[23)]

この文言は、危機管理評論家である佐々淳行氏の著書[23)]の請け売りである。

例えば、集中豪雨が来た時に起こりうる被害をあらかじめ想定し、そのためには平常時にどのような準備をし、一旦災害が起こったら、覚悟を決めて現実を受け止め、対処するのである。

(1) 平常時の準備

この場合、あらかじめ自分の組織におけるタイムライン（1-4項の**表-1.2**）をつくっておくのも良いであろう。タイムラインは、自分が管理している現場でもし災害が発生したらどう対応したらよいかを、シミュレーションしながらつくるものである。

そして、そのためには何を用意しておくべきかについて、組織内で常に会議を持ち、準備し根回ししておく必要がある。例えばハザードマップの作成、関係自治体との日ごろの交流、救急病院や応援可能な地元建設会社の確保、予算、輸送、連絡体制、「食う寝る所住む所→給食、宿泊」、資材備蓄（例：ブルーシート、土のう等々）——といった内容だ。

(2) 災害後の対処

不幸にして一旦災害が発生したら、中間管理職である現場の指揮官は、応急処置を指示しなければならない。それなりの決断が不可欠である。しかる後に、組織におけるトップ（責任者）への状況報告をし、時には意見具申をし、上層部から命令が下ったら現場へ伝達し、その指揮をする必要がある。

一方、組織のトップは第一報を受けたら、速やかに対策本部を立ち上げ、住民避難、交通規制、復旧対策などの重要事項に対処しなければならない。

以後はトップダウンに切り替え、指揮系統を一本化する必要がある。この場合、有能な参謀役の知恵は必要であるが、会議ばかりするのではなく、ある意味、楽観的に独断（決断）でトップダウンの指令を出す。災害は起こった時が最悪な状態であり、時間とともに良い方向に向かうことも少なくない。この時、四方八方に気を配りすぎると、会議ばかりが長引き、決断が遅れたあげくに、結局は平均点以下の対応しかできないものである。

6-26 災害現場はマムシも被害者「2番目歩き」はなるべく避けよ?

筆者は静岡県の地すべり直後の現場で、マムシにかまれた経験がある。労災保険が適用されたとはいえ、あの痛さは筆舌に尽くせぬものがあった。小指をやられたはずなのに、自宅に帰る頃には腕全体が太もものような太さになり、結局、2週間入院する羽目になった。

筆者は、斜面を登る時には地面の変状や地質·土質を観察しながら登るが、下りは周囲の地形·植生などを見ながら降りる習慣がある。従って、地すべり末端を下る頃は足元を見ていなかった。もともと筆者は、案内人を先に立て、隊列の2番目を歩くことが多く、当日もそうしていた。

マムシは、段々畑の手首の高さ程度の石垣の上に、とぐろを巻いて鎮座していたらしい。後から考えてみれば、静岡の南向きの斜面とはいえ、12月1日という初冬で、蛇族

図-6.20 災害現場はマムシも被害者[24)]

も冬眠に入ったばかりの時点に、突然の地すべり振動に起こされ、彼らも不機嫌状態で外に出ていたものと思われる。彼らも被害者と言える。

以後の処理は省略するが、地元の関係者の方々には多大なお世話になった。

この災難で得た知見を以下に述べる。

(1) 災害直後はマムシも被害者。現場で出会う確率は高い

筆者は、前著「斜面防災100のポイント」で、**図-6.20**のようなイラスト入りで「沢蟹・蛇・蛙の住む法面に注意」などと書いたが、これは水が多い法面という意味で書いたもので、このようなしっぺ返しを食らうとは思わなかった。

(2) とぐろを巻いた蛇は最初の通行人に驚き、2番目の人間に飛び付く可能性が高い

筆者は、以後現場を歩くときは、密かに2番目にダミーとなる人が入るのを見届けてから隊列に加わることにしている(これは冗談であるが…)

(3) 蛇は温度センサーを持っているらしいので、できるだけ皮膚を露出させずに歩く。軍手・長靴は必須条件

(4) 血清を打つ時「初めてか」と聞かれた。2回目は別の物(オールマイティー)を打つらしい

第6章 参考文献

1) 浅井健一、林浩幸、宮本浩二、佐々木靖人:事例分析により明らかになった最近の国道斜面災害の特徴と道路斜面管理における留意点、応用地質、Vol.54、No.6、pp.281-298、(一社)応用地質学会、2014.
2) 佐々木靖人、浅井健一:防災点検の有効性と災害の提言に向けて―10年間の防災対策の進捗と課題―、p.2、全国地質調査業協会連合会、2013.
3) 下野宗彦、村上豊和、中田幸男:中国地方における高速道路斜面の崩壊と表層地質区分の関連性、土木学会論文集C(地圏工学)、No.71、No.2、pp.92-107、2015.
4) 川波敏博、下野宗彦、竹本将、中田幸男:鉄筋挿入工の盛り土法面への適用事例、(公社)地盤工学会、地盤工学ジャーナル、Vol.15、No.3、pp.665-674、2020.
5) 小寺忠広、上野将司、安藤伸:斜面崩壊の前兆現象に関する検討、第44回地すべり学会研究発表会講演集、pp.517-520、2005.
6) 奥園誠之:斜面防災100のポイント、pp.150-151、鹿島出版会、2006.
7) 内村太郎、王　林、東畑郁生、山口弘志、西江俊作:斜面の傾斜変位の監視による崩壊の早期警報、(公社)地盤工学会、地盤工学会誌、土と基礎、Vol.62、No.2、pp.4-7、2014.
8) 王　林、内村太郎、東畑郁生:多点傾斜変位と土壌水分の常時監視による斜面崩壊早期警報システムの研究開発、内閣府、戦略的イノベーション創造プログラム(SIP)、インフラ維持管理・更新・マネジメント技術 概要書、pp.64-65、2017.
9) 大八木規夫、田中耕平、福囿輝旗:1985年7月26日長野市地附山地すべりによる災害の調査報告、科学技術庁、国立防災科学技術センター、主要災害調査、Vol.26、pp.26-27、1986.
10) (一社)日本応用地質学会:防災地質の現状と展望書、応用地質特別号、pp.21-22、1987.
11) (公財)高速道路調査会:地すべり危険地における動態観測施工に関する研究(その2)報告書、pp.84-85、1987.
12) 常川善弘、酒井俊典:アンカー維持管理と地質リスクマネジメント、(一社)全国地質調査業協会連合会、グラウンドアンカー維持管理に関するシンポジウム論文集、pp.7-8、2013.
13) 門間敬一、小野田敏、落合達也、荒井健一、綱木亮介、浅井健一:岩盤崩壊モニタリング箇所での転倒崩壊に至るまでの変位挙動の計測例、(公社)日本地すべり学会、Journal of the Japan Landslide Society、Vol.39、No.1、pp.62-69、2002.
14) 藤原優、横田聖哉、三塚隆:切り土斜面の維持管理技術～落石調査支援技術の開発～、(公社)地盤工学会、地盤工学会誌、Vol.59、No.1、pp.30-31. 2011.
15) 緒方健治、松山裕幸、天野浮行:振動特性を利用した落石危険度の判定、(公社)土木学会、土木学会論文集、No.749、Ⅳ-61、pp.123-135. 2003.
16) 竹本将、藤原優、横田聖哉:落石危険度振動調査手法を用いた現地調査および判定システムの開発一落石の危険度を現地で判定するシステムの開発、(公社)土木学会、第65回年次学術講演会、Ⅲ-038、pp.353-354、2010.
17) 東・中・西日本高速道路(株):調査要領、地盤・土工構造物編、p.参2-4、2020.
18) 土木学会　地盤工学委員会斜面工学研究小委員会:家族を守る斜面の知識―あなたの家は大丈夫?―、(公社)土木学会 地盤工学委員会斜面工学研究小委員会編、(株)丸善、p.162. 2009.
19) 奥園誠之:斜面防災100のポイント、鹿島出版会、p.151、1986.
20) 上野将司:技術の伝承現場の教訓から学ぶ―予知困難な落石・岩盤崩壊による災害に取組んで―、(公社)地盤工学会、地盤工学会誌、Vol.59、No.12、pp.53-60、2011.
21) 黒沼稔:科学技術庁のローム斜面崩壊実験事故と地方自治体-川崎市の事故調査対策委員会報告書を中心として-、第一法規出版、日本地方自治研究学会、Vol.48、No.6、pp.97-116、1972.
22) 磯谷達宏:多摩丘陵生田緑地とその周辺地域における土石流発生の履歴、国士館大学人文学会紀要、Vol.52、No.10、pp.47-72、2020.
23) 佐々淳行:平時の指揮官 有事の指揮官―あなたは部下に見られている―、文春文庫、文藝春秋社、p.287、1999.
24) 奥園誠之:斜面防災100のポイント、p.141、鹿島出版会、2006.

あとがき

本書は「斜面防災100のポイント（1986年11月、鹿島出版会刊）」の続編または姉妹編として、約35年ぶりに日経BPのご厚意により、執筆させていただくものである。前書では理工学書には記載されていない、切り土法面の建設工事に当たっての、いわゆる「初心者向けの技術」についての裏話をご紹介した記憶がある。

今回の本書は、主として完成後の「法面の維持管理」に焦点を当て、さらに自然斜面をも含めた「防災」「減災」「避災」さらに「被災後の後始末」「予防保全」などをテーマとして、実務者向けのノウハウを集めたつもりである。

斜面防災技術は理学、工学の基礎知識だけでは解決しない、人の命に関わるノウハウの分野が多分を占めている。斜面防災技術者のノウハウとは「根気」「経験」に基づく「勘（直感）」であり、最後は「決断」という「4K」である。

近年は人工知能（AI）が発達し、このノウハウをコンピューターに覚えさせればよいという風潮がある。悪いことではないし、賛成である。しかし、あくまでも支援システムとして使いたい。もし、医者の判断や薬剤師の判断をAIだけで解決できるならば、家庭医学で大半が済むことになる。

最後に、繰り返しになるが冒頭で述べたように、「斜面防災技術の伝承は、成功事例より災害事例の反省」が大切である。つまり、災害に対峙するために重要なことは、過去の失敗や経験について「知ること、推論すること、精緻化すること、創造すること」である。災害は「“さ”以外」ですから…！

また、昨今の状況を鑑みると、「天災は忘れられたる頃来る」時代から「天災は忘れないでもやって来る」という時代になっているのではないだろうか。

自然災害大国日本、まだまだ技術者の使命が期待され、奥深いものがある。

2022年9月

奥園 誠之
下野 宗彦

著者略歴

奥園 誠之(おくぞの・せいし)　工学博士

(株)高速道路総合技術研究所研究アドバイザー、(財)高速道路調査会フェロー。1962年に鹿児島大学文理学部卒業後、日本道路公団入社。81年に工学博士(東京大学大学院)。96年に九州産業大学工学部教授着任。2011年に西日本高速道路エンジニアリング中国(株)技術顧問に就任。著書に「斜面防災100のポイント」(鹿島出版会)ほか多数

下野 宗彦(したの・むねひこ)　博士(工学)、技術士(建設部門、応用理学部門)

西日本高速道路エンジニアリング中国(株)執行役員技師長。1985年に広島道路エンジニア(現・西日本高速道路エンジニアリング中国(株))入社。2005年に(財)高速道路技術センター出向。06年に西日本高速道路エンジニアリング中国(株)調査設計部復職。20年に同社執行役員技師長に就任。著書に「知っておきたいGPS/GNSSのはなし」(共著、土木工学社)など

斜面防災・減災106のノウハウ
技術者に必須の知識と勘所

2022年10月3日　第1版第1刷発行

著　者　奥園 誠之、下野 宗彦
編集スタッフ　野中 賢
発行者　河井 保博
発　行　株式会社日経BP
発　売　株式会社日経BPマーケティング
〒105-8308　東京都港区虎ノ門4-3-12
デザイン・制作　ティー・ハウス
印刷・製本　図書印刷

ISBN　978-4-296-20019-1